生命礼赞

追寻演化的奥秘

苗德岁 著

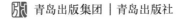
青岛出版集团 | 青岛出版社

图书在版编目（CIP）数据

生命礼赞 : 追寻演化的奥秘 / 苗德岁著 . — 青岛 :
青岛出版社 , 2022.5
ISBN 978-7-5736-0011-0

Ⅰ . ①生… Ⅱ . ①苗… Ⅲ . ①生命科学—儿童读物
Ⅳ . ① Q1-0

中国版本图书馆 CIP 数据核字 (2022) 第 044811 号

SHENGMING LIZAN: ZHUIXUN YANHUA DE AOMI

书　　　名	生命礼赞：追寻演化的奥秘	
著　　　者	苗德岁	
出 版 发 行	青岛出版社	
社　　　址	青岛市海尔路 182 号（266061）	
本 社 网 址	http://www.qdpub.com	
总 策 划	张化新	
策　　　划	连建军　魏晓曦	
责 任 编 辑	宋华丽	
特 约 编 辑	施　婧　廿　一	
美 术 总 监	袁　堃	
美 术 编 辑	李　青	
印　　　刷	青岛海蓝印刷有限责任公司	
出 版 日 期	2022 年 5 月第 1 版　　2022 年 5 月第 1 次印刷	
开　　　本	16 开（715mm×1010mm）	
印　　　张	11	
字　　　数	120 千	
书　　　号	ISBN 978-7-5736-0011-0	
定　　　价	58.00 元	

编校印装质量、盗版监督服务电话　4006532017　0532-68068050
建议陈列类别：少儿 / 科普

书中自有新天地

送给能静心读书的你

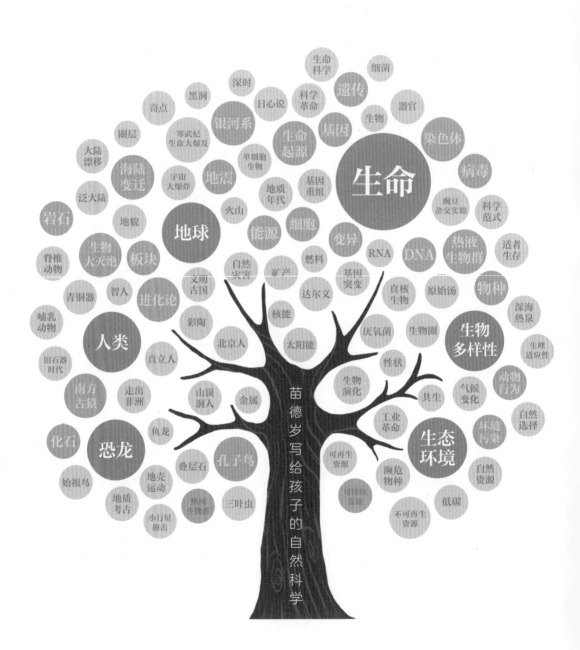

总 序

沈树忠

中国科学院院士、地层古生物学家

  我与苗德岁先生相识 20 多年了。2001 年，我从澳大利亚被引进中国科学院南京地质古生物研究所，就常从金玉玕院士那里听说他。金老师形容他才华横溢，中英文都很棒，很有文采。后来，我分别在与张弥曼、周忠和等多位院士的接触中对他有了更多了解，听到的多是赞赏有加，也有惋惜之意，觉得苗德岁如果在国内发展，必成中国古生物界栋梁之材。

  2006 年到 2015 年，我担任现代古生物学和地层学国家重点实验室主任时，实验室有一本英文学术刊物《远古世界》，我是主编之一。苗德岁不仅是该刊编委，而且应邀担任英文编辑，我们之间有了更多的合作和交流。我逐渐地称他"老苗"，时常请他帮忙给我的稿子润色，因为他既懂英文，又懂古生物，特别能理解我们中国人写的古生物稿子。我很幸运认识了老苗。

老苗其实没有比我大几岁，但在我的心中，他总是像上一辈的长者，因为他的同事都是老一辈古生物学家，是我的老师们。

近年来，老苗转向了科普著作的翻译和写作，让人感觉突然变得一日千里，他的文笔、英文功底都得到了充分发挥，翻译、科普著作、翻译心得等层出不穷。我印象最深的是他翻译了达尔文在1859年发表的巨著《物种起源》，感觉他对达尔文的认知已经远远超出了文字本身的含义，他对达尔文的思想和探索精神也有深刻的理解。

我从事地质工作最初并不是自己喜欢的选择。1978年，我报考了浙江燃料化工学校的化工机械专业，由于选择了志愿"服从分配"，被招生老师招到了浙江煤炭学校地质专业。当时，我回家与好朋友在一起时都不好意思提自己的专业——地质专业当年被认为是最艰苦的行业，地质队员"天当房，地当床，野菜野果当干粮"的生活方式让家长和年轻人唯恐避之不及。

中专毕业以后，我被分配到煤矿工作，通过两年的自学考取了研究生，从此真正地开始了地球科学的研究。宇宙、太阳系、地球、化石、生命演化等词汇逐步变成我的专业语汇。我一开始到了野外，对采集到的化石很好奇，还谈不上对专业的热爱，慢慢地才认识到地球科学充满了神奇。如果我们把层层叠叠的岩石露头（指岩石、地层及矿床露出地表的部分）比作一本书的话，那么岩石里面所含的化石就是书中残缺不全的文字；地质古生物学家像福尔摩斯探案一样，通过解读这些化石来破译地球生命的历史，回顾地球的过去，并预测地球的未来。

光阴似箭，转眼间40年过去了，我从一个学生成为一位"老者"。随着我国经济实力的增强，地球科学的研究方式也与以往不可同日而语。由于地球科学无国界，我不但跑遍了祖国的高山大川，还经常去国外开展野外工作。实际上，越是美丽的地方、没人去的原野，往往越是我们地质工作者要去的地方。

近些年来，野外的生活成了城市居民每年都在盼望的时光，他们期盼到大自然最美的地方去度假。相比而言，这样的活动却是我们地质工作者的日常工作。每逢与老同学聊天、相聚，他们都对我的工作羡慕不已。就像英国博物学家达尔文当年乘坐"贝格尔号"去南美旅行一样，过去"贵族"所从事的职业成了如今地质工作者的日常工作。

40多年的工作经历使我深深地感受到，地球科学是最综合的科学之一，从数理化到天（文）地（理）生（物）的知识都需要了解。地球上的大陆都是在移动的，经历了分散—聚合—再分散的过程，并且与内部的物质不断地循环，火山喷发就是其中的一种方式。地球的温度、水、大气中的氧含量等都在不停地变化，地球还有不断变化的磁场保护我们。地球生命约40亿年的演化充满了曲折和灾难，有生命大爆发，也有生物大灭绝，要解开这些谜团，我们需要了解地球；而近年来随着对火星、月球的探索加强，我们更加觉得宇宙广阔无垠，除了地球，还有更多需要我们了解的东西。

　　我小时候能接触到的优秀科普书籍极少，因而十分羡慕现在的青少年，能够有幸阅读到像苗德岁先生这样的专家学者为他们量身打造的科普读物。苗德岁先生的专业背景、文字水平和讲故事能力，使这套书格外地与众不同。希望小读者们在学习科学知识的同时，也学习到前辈科学家孜孜不懈地追求真理的科学精神。

给少年朋友的话

苗德岁

　　生命实在是不平凡的，我赞美生命！——我想不出比《白杨礼赞》更好的开头，只好拾茅盾先生的牙慧了。

　　放眼四周，到处都是生命——从我们指甲缝里肉眼看不到的无数细菌，到我们家里的宠物、花花草草，以及我们自身，都是生命的一分子。你们有没有想过这个问题：什么是生命？

　　这个问题看似简单，其实至今都没有公认的答案，连生命科学家们对此也莫衷一是。我有时候想：大概生命就像爱情一样，似乎人人都知道它是什么，但是又很难给出一个严格的科学定义。

　　生命的定义，单是从生物学角度看，就有100多种不同的答案，从哲学上讲，答案就更多了。诺贝尔物理学奖获得者薛定谔曾经写过一本书，是从物理学角度论述生命的，书名就叫作《生命是什么》。

尽管定义生命不易，但要了解生命是什么，我们至少可以从两方面入手：一是了解生命的性质或特征；二是了解生命的演化以及生命的征程，也就是生命的来龙去脉。

那么，你了解生命、生命如何演化以及生命的征程吗？如果你还不够了解的话，这就是一本你需要阅读的书。

目 录

二　追溯生命的起源

三 基因与遗传

四 生物演化的证据

五 生物对环境的适应性

尾声 生命之壮美 / 139

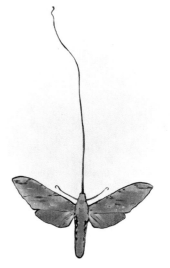

附录

后记 / 156

林语堂说过："科学无非是对于生命的好奇心，宗教是对于生命的崇敬心，文学是对于生命的叹赏，艺术是对于生命的欣赏……"

"生命是什么"是人们为科学好奇心所驱使而想要解答的一个终极难题。长期以来，许多科学家一直试图探索和解答。可是，这一问题的答案众说纷纭，莫衷一是。

通过本章的讨论，我们对"生命是什么"会有更清晰的了解。

一　生命是什么

生命有什么特征

我们熟悉的生命体基本特征包括：呼吸、摄食、排泄、新陈代谢、反应性（应对内外刺激）、生长发育和生殖等，也就是人们俗话所说的吃喝拉撒睡以及传宗接代。

绝大多数生命体的基本化学组成成分主要是水（H_2O），混合着一些以碳为基础的有机化合物和矿物质。生物之间的差别并不在于这些基本的化学组成，而在于这些元素和分子在排列组合上的细微差别。

生命体的另一项基本特征是：地球上几乎所有的生物都是从先前存在过的生命形式那里，在自然法则的支配下，经过漫长的时间，一步一步演化而来，而不是靠超自然的造物主或神仙一个一个独立地创造出来的。

即便我们用上述两类基本特征来描述生命，也还是会出现例外情形。比如病毒虽能繁殖（复制）与演化，但不能脱离宿主细胞进行生命活动（包括繁殖）；骚子虽然具有呼吸、摄食、排泄、新陈代谢、反应性、生长发育等生物机体功能，却不能繁殖，因此也就无法演化。

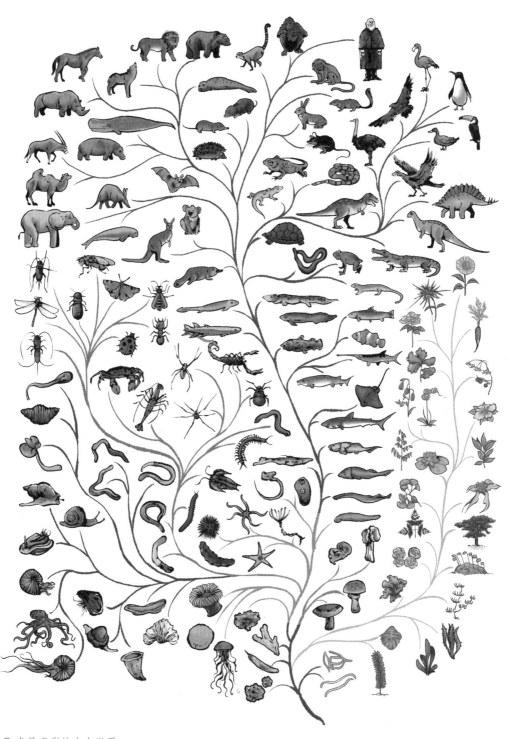

○ 奇异多彩的生命世界

目前，最接近大家能够共同接受的生命定义，是由 NASA（美国国家航空航天局）太空生物学计划的科学家给出的：生命是一个能够自我维持的化学系统，并能进行达尔文式演化（从而产生新的形式）。这也涵盖了前文列举的生命的两类基本特征。

Life is a self-sustaining chemical system capable of undergoing Darwinian evolution.

——*NASA*

生命是一个能够自我维持的化学系统，并能进行达尔文式演化（从而产生新的形式）。

那么，什么是"达尔文式演化"呢？咱们在后文详细说。

三分钟极简生命史

自大爆炸开始，宇宙已经诞生了约 138 亿年，地球的历史约为 46 亿年，生命的历史为 35 亿～38 亿年。

下面，让我们先穿越时光隧道，来一场浓缩了 35 亿～38 亿年生命历史的大旅行。

地球大约形成于 46 亿年前，是太阳系中目前人类所知唯一存在生命的星球。生命起源于38亿～35亿年前，那时候生命只是简单的小小的细胞，最初连细胞核都没有，称作原核生物；后来，逐渐演化出带有细胞核的细胞，具有这种细胞的生物称作真核生物。

真核生物最初也非常简单，一个细胞就是一个独立的生命体，像今天的变形虫一样。到了大约15亿年前，一个个细胞开始互相黏附，逐渐变成像简单海绵一样的多细胞生物。

"寒武纪生命大爆发"发生在大约5.4亿年前，细胞渐渐地在动物身体里制造了骨头，在躯干上制造了鳍——鱼形动物开始出现。

在大约4.6亿年前，无脊椎动物突然在海洋里极大地繁盛起来，许多现生无脊椎动物的祖先先后出现了。脊椎动物登陆及四足类起源发生在大约3.9亿年前，有一类肉鳍鱼爬上岸，逐渐演化成青蛙一类的水陆两栖动物。

到了约4.2亿年前，泥盆纪陆生植物发展起来，地球开始披上绿装；在约3.6亿年前的石炭纪，陆生植物与昆虫变得繁荣，陆地上出现了高大的树木与广阔的森林，森林里有许多"巨无霸"昆虫。这是世界范围内的成煤时期。

术语

科学家根据细胞内有无以核膜为界限的细胞核，把细胞分为真核细胞和原核细胞两类。

真核生物指由真核细胞构成的生物，包括植物、动物、原生生物（如草履虫）、真菌等。

原核生物指由原核细胞构成的生物，比如古菌、细菌、蓝细菌等。

灵长类大发展

猿类直立行走

恐龙称霸地球

6000万年前

700万年～440万年前

2.3亿～6600万年前

人类生火、砍树

哺乳动物出现

宇宙诞生

200万年前

2.3亿～2.2亿年前

138亿年前

地球诞生

46亿年前

陆生植物与昆虫繁荣

生命诞生，原核生物出现。

人类进入文明社会

3.6亿～2.9亿年前

35亿～38亿年前

1万年～5000年前

随用编年经草章

24亿年前

今天

爬虫类大家变生

4.2亿～3.6亿年前

5.4亿年前

"寒武纪生命大爆发"

3.9亿年前

鱼类时代开始

○ 从宇宙大爆炸到现代：地球演化示意图

哺乳动物起源于 2.3 亿年至 2.2 亿年前，也就是说，这时候我们的直系祖先开始出现了。从 2.3 亿年到 6600 万年前，是恐龙称霸地球的时代。

白垩纪末小行星撞击地球及生物大灭绝事件发生在 6600 万年前，恐龙及许多其他生物灭绝了，之后却迎来了鸟类和哺乳动物的繁盛发展。

灵长类大发展发生在 6000 万年前，我们的祖先类型开始大显身手。大约 700 万年至 440 万年前，猿类开始直立行走并逐步演化出人类，我们的双手从行走的功能中解放出来了，不然，我们今天也不可能用手写字、画画、玩手机。

到了大约 200 万年前，人类能自由地使用双手了，开始打磨石头、砍树、生火、开垦农田。到了 1 万年至 5000 年前，人类

○ 人类演化史

制造和使用工具的能力进一步完善，人类社会进入文明史时期：农耕社会发源，我们穿上了衣服，在房子里生活，开始砌灶生火、做饭做菜、使用文字。

也就是说，人类花了大约 35 亿～38 亿年的时间，才从最原始的单细胞生命形式演化成今天的模样，并且还要继续演化下去，难道这还不够神奇吗？

同时，这也启示我们，"生命诚可贵"，无论在什么情况下，我们都必须珍惜生命。我们来到这个世界上，完全是无限个偶然巧合的结果。因而，我们不仅要珍惜其他生命，更要无比珍惜自己的生命。

匈牙利诗人裴多菲有一首名诗《自由与爱情》，中译本为："生命诚可贵，爱情价更高。若为自由故，二者皆可抛。"英译本则更忠实于匈牙利文原诗：

Liberty, love!

These two I need.

For my love I will sacrifice life,

For liberty I will sacrifice my love.

英译本可直译成："自由，爱情！我两者皆需。为爱情我将舍去生命，为自由我将献出爱情。"

诗人把爱情与自由的价值看得高于生命，在精神上是十分崇高的。不过，"生命诚可贵"这个基本点是无可置疑的。而在生物界，生命高于一切！

了解你自己

古希腊哲学家亚里士多德有一句名言："了解自身是所有智慧的开端。"你了解自己吗？

人类一度认为自己是万物的主宰。后来，我们才逐渐地认识到，人类只不过是目前地球上已知的 800 多万个现生生物物种中的一员而已。那么，我们不能不弄清下面三个根本问题。

第一个问题：我们是谁？也就是要弄清我们在自然界所处的位置，以及我们跟其他生物之间的复杂关系。

第二个问题：我们从哪里来？也许你问过爸爸妈妈，你是从哪里来的。或许他们告诉你，你是从路边捡回来的，或是快递小哥丢在门口的。即使你知道是父母给了你生命，但是，父母呢？父母的父母呢？追根寻源的话，这实际上是问人类从哪里来。

上面两个问题关系到我们如何认识自身、如何了解我们与周围世界的关系。

最后一个问题：我们将往何处去？生命的历史告诉我们，自从地球上出现生命以来，绝大多数存在过的物种都已灭绝了，最终人类自然也不会例外。因此，这是关乎我们的命运与未来的大问题。

寻找这些问题的答案，不仅是在正确认识自我，也是在探求我们的人生目标。

科学家们说，21世纪是医学生物学的世纪。从小了解生命演化的奥秘，对于你们长大以后选择专业或职业也会有极大的帮助。医学生物学领域的各个专业，都是以生物演化论作为基础的。

近年来，新型冠状病毒引发的疫情深刻地影响了我们的日常生活以及全社会的运转。

病毒与人类之间的"亲密"关系源远流长，自人类起源以来，流行病就与我们如影随形。要想了解病毒及其与人类协同演化（也称"协同进化"）的关系，也要学习生物演化论。

现代医学生物学可以大大地帮助我们对付病毒——生物科学家在几周之内就确定了这次新冠病毒的全基因组序列以及病毒结构，并很快研发出测试方法，疫苗也相继在多个国家研发出来。在现代医学生物学建立之前，这是难以想象的。

演化生物学是生命科学的重要学科，它作为现代医学理论基础之一，早已成为国外通识教育的核心课程。按照芝加哥大学教授、著名演化生物学家杰里·科因的话说：它是衡量一个人有没有受过正规教育的标准。

术语

演化生物学是研究生物演化的科学，探究生物演化的历史、原因和规律等，与生态学、遗传学、分子生物学、发育生物学、古生物学、行为学和生物地理学等许多学科有密切的联系。

我衷心希望，生命科学主题还能激发你们的好奇心。

好奇心是一切科学发现的源泉。

牛顿因为有好奇心，看到苹果掉下来而不是飞上天，他才会问为什么，并由此发现万有引力定律。同样，你们有没有想过：苹果为什么这么好吃呢？其实，野生苹果又酸又涩，一点儿也不好吃。正是通过人工选择干预下的演化，现在苹果的味道才变得越来越甜。

由于生命科学研究的对象都是大自然的产物，家长可以通过带领孩子们郊游、野外旅行、参观自然博物馆、游览动物园和植物园等活动，激发孩子们对大自然的好奇心，带着他们走出家门，一同亲近大自然、拥抱大自然、认识大自然。

青少年的学习需要全面调动视觉、听觉、嗅觉、触觉等所有感官体验，在此基础上，还要进行有意识的思考。光宅在家里读书和看电视，是无法真正欣赏"稻花香里说丰年，听取蛙声一片""采菊东篱下，悠然见南山"等诗句的。

我自小熟读古典诗词，因此多年来尤其注重科学与诗歌的融合。美妙的科学研究是充满诗性的，科学与诗歌都需要放飞想象力，任其自由飞翔。

实际上，生命演化本身就是一部气势恢宏的生命史诗，是地球历史上最精彩的一出大戏。而地球上的生命起源，则是这部大戏中最为扑朔迷离的开台戏。

亚里士多德说过："古往今来人们开始哲理探索，都应起于对自然万物的惊异。"而对自然万物的惊异，又总是始于追寻它们的起源，比如宇宙的起源、地球的起源、生命的起源、人类的起源等。

刨根问底、追本溯源的好奇心是人类科学探索的原动力与兴趣焦点。作为生命的一分子，我们自然而然地会对生命的起源格外感兴趣。

生命起源是个十分复杂的问题，至今尚无大家一致接受的定论。通过本章的讨论，我们将会对迄今为止的研究进展有比较深入的了解。

二　追溯生命的起源

生命从哪里开始

跟宇宙的起源一样，生命的起源也是一个从无到有的过程。实际上，这与老子的道家思想颇为相近。

中国经典哲学著作《老子》第25章说："有物混成，先天地生……吾不知其名，强字之曰道……"第42章又说："道生一，一生二，二生三，三生万物。"也就是说，宇宙最初起源于"无"，即空无——没有名字，可以将其称为"道"。"无中生有"的演化过程就是"道生一，一生二，二生三，三生万物"。这里的道也就是无。老子的这番话跟目前流行的宇宙大爆炸的起源理论放在一起，竟然毫无违和感。

宇宙间很多变化都是从无到有的，而生命的起源恰恰也是一个"无中生有"的过程——生命诞生于无生命的世界。

然而，这一转变是何时发生的？又是如何发生的？这些问题至今仍是未解开的谜团，也正是科学家要努力揭开的奥秘。

对这些奥秘的解答，基本上分为两个途径：一个称为"自上而下"，另一个称为"自下而上"。

"自上而下"是指造物主通过超自然的"神力"一挥而就地创造了世界上的各种生物。这一途径的致命弱点是，我们无法观察到这些神奇的力量，它们的存在与否既无法被证实，也没法被证伪，因此，这一途径只能称作宗教信仰或神话传说。"自下而上"则是广大科学家选择的途径，是可以用科学手段来检验其真伪的。

为了揭秘生命起源，先让我们"自下而上"地看看生命的物质基础。除了病毒，所有的现代生命形式都具有细胞，并包含以下三要素：

1. 细胞膜（有的细胞膜外还有细胞壁）界定了生命活动中进行化学反应的"微工厂"界限，也就是"生命化工厂的围墙"；

2. 细胞器是细胞质中具有特定形态和功能的微结构，类似"生命化工厂"中发挥不同功能的"车间"，它们分工合作，共同维持细胞正常的生理机能；

3. 遗传信息储存在核酸序列之中，故核酸实际上是"遗传信息库"，在生命繁殖过程中产生的遗传和变异是自然选择发挥"筛选"作用的基础，生命以此进行演化。

核酸是一种大型生物分子，通常位于细胞内，主要负责携带和传递生物体遗传信息。核酸有两大类，分别是脱氧核糖核酸（以下简称DNA）和核糖核酸（以下简称RNA）。

简单来说，DNA负责携带生物体遗传信息，RNA负责传递DNA携带的遗传信息。一些病毒使用RNA携带遗传信息。

从一个角度来看，像细胞这样复杂的"元件"以及"生命化工厂"的全套"工艺设备"，是怎样从无到有演化出来的呢？这事儿听起来似乎令人难以置信。

从另一个角度来看，细胞"元件"的各组成部分及"生命化工厂"的"工艺设备"的形成条件在早期地球上便有迹可循，并一步一步地缓慢发展起来：早期生物大分子的"建筑模块"，如氨基酸、脂肪酸、葡萄糖等，大多是以多功能的碳元素为基础的一些化学物质——它们产生于早期地球上大量的能量（闪电、火山活动等）与甲烷、氨气、氢气和水等的相互作用。

在这种情况下，如果无机质不能演化出有机质，氨基酸等物质不能演化出细菌，反而令人费解了！

走近科学巨匠

奥巴林在 1924 年著书探讨生命的演化，后来发展了生命起源的假说；霍尔丹在 1929 年提出了"有机物可由无机物形成"假说，获得一系列奖章。

由于他们二人在互不知情的情况下分别提出相同的假说，因此后人也称此假说为"奥巴林－霍尔丹假说"。

米勒－尤里实验与"原始汤"

20 世纪 20 年代，两位天才科学家——苏联生物化学家奥巴林与英国进化生物学家霍尔丹分别提出了"原始汤"假说。他们认为：早期地球的原始大气圈缺氧，在闪电和强烈紫外线激活下，十分有利于其他气体合成氨基酸。

到了 20 世纪 50 年代初，他们的这一假说被米勒和尤里两位美国科学家在实验室里验证，成为当时轰动世界的科学实验和发现，并影响至今。

实验结果证实了奥巴林与霍尔丹的假说：无机物在特定条件下可以合成蛋白质的基本单位——氨基酸！生命从无到有过程中最艰难的一步似乎就这样跨越过来了。

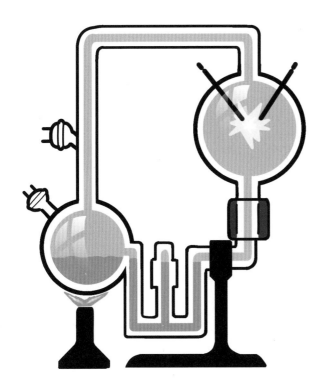

○ 米勒-尤里实验示意图

走近科学巨匠

托马斯·塞缪尔·库恩是美国科学史家、科学哲学家，他的著作《科学革命的结构》使"范式"（paradigm）一词成为当代学术界最常出现的词汇之一。

米勒–尤里实验是关于生命起源的经典实验，这一实验的成功使奥巴林与霍尔丹提出的生命起源于"原始汤"的假说一度成为库恩所谓的"科学范式"。

无独有偶，早在100多年前，达尔文在给他的好友、植物学家胡克的信中，曾提到过他对生命起源的猜想：生命可能起源于"一个温暖的小池塘"，在这个"伊甸园"里有构成生命的各种元素，后来不知加进了什么东西，便形成了生命。

从某种意义上说，达尔文算是最早提出"原始汤"假说的人。

"原始汤"理论认为地球上的生命起源于约35亿年以前。"原始汤"里包含了一些特定的化学物质，这些化合物可以在适合的条件下生成构建生物大分子的组件。

目前，学术界主要有两种关于地球生命起源的"原始汤"假说，一是达尔文提出的"温暖的小池塘"猜测，另一个是下文即将讲述的海底热液喷口假说。

○ "原始汤"假想图

生命的起源地在哪里

随着深海研究的不断深入，科学家在海底见不到阳光的黑暗地带，发现了富含矿物质（尤其是硫化物）的热流，它们像间歇泉（热泉）一般从海底喷口涌出来，形成了所谓"黑烟囱"，附近充满了大量的微生物。

○ 热液生物群中的管状蠕虫

后来，科学家又在其他极端环境中（比如由矿山废料堆积而产生的酸性溪流中、火山带上方沸腾的小池塘里、极地冰封的岩层缝隙间），发现了大量茁壮成长的微生物。

科学家推测，既然生命能在这些极端环境中如此生机勃勃，难道不会起源于这些环境之中吗？

科学史显示，许多重大的突破性科学进展都始于科学家们这种"大胆的假设"，如同魏格纳的大陆漂移假说发展成板块构造理论一样。

据 NASA 科学家推测，如果生命只能起源于米勒和尤里设计的场合与条件下，那么一开始只有在地球上的某些浅层水域，生命才有可能孕育并繁衍；如果生命能够出现在上面所说的极端环境里，那么地球以外的其他天体也应成为探索的目标。

此外，他们也在实验室里模拟类似深海热泉或"黑烟囱"那样的高温高压环境，并成功地合成出一套生物大分子。由此显示出，即便缺乏太阳能，在浅层地壳或深海火山带那种"高压锅"的条件下，富含氮、碳、硫等元素的火山气体也不难与周围的海水或普通岩石产生化学反应，形成几乎所有组成生命的要素，其结果与米勒–尤里实验殊途同归。

热液生物群的发现，改变了人们对生命起源的认识。

近些年来，NASA 的航天器从火星发回的照片显示，火星上有存在过水流的迹象，这些发现使地外生命起源假说的呼声变得越来越高，并使天体生物学这一学科受到越来越多的关注。

虽然人类的探测器已登陆火星，但暂时还未能成功地采集岩石样品带回地球进行实验分析，因而对于火星上是否存在过生命还难以下结论。不过，天体生物学的探索无疑为研究生命起源开辟了一个崭新的途径。

另一方面，分子生物学家提出了"RNA 世界"的假说，认为地球上最早出现的是 RNA，而后才出现 DNA 和蛋白质。

因而，他们认为，要追溯生命起源，需要从 RNA 世界开始。通过有关病毒和流行病的新闻报道，我们对 RNA 一词耳熟能详。但 RNA 究竟是什么呢？

RNA 存在于所有的生物细胞中，主要担负信使的作用，传递 DNA 中控制合成蛋白质的指令。但是，在有些病毒中，是 RNA 储存遗传信息，而不是 DNA；因此，这类病毒又称作 RNA 病毒。

RNA 是一种特殊的聚合物，它是长长的单链分子，由多个核苷酸组成，而 DNA 则是双链分子并能形成双螺旋结构。RNA 很像 DNA，具有自我复制的功能。

RNA、DNA 与蛋白质三者中，究竟哪一个最先出现，科学家们争论了好几十年。DNA 能够储存遗传信息并传给下一代，但是它需要在 RNA 与蛋白质的协助下才能发挥作用；蛋白质能够帮助细胞成活，却不能传递遗传信息。因此，只有 RNA 兼具传递遗传信息和执行细胞生化功能的双重角色。

据分子生物学家推测，最早出现在地球上的自我复制与演化的实体，可能就是 RNA。由于这是一些具有催化特定生物化学反应功能的 RNA 分子，类似蛋白质中的酶，故又称作酶 RNA 或核酸类酶 RNA。换句话说，这类具有催化活性的 RNA，有点儿像类病毒。

什么是类病毒呢？类病毒是一种具有传染性的单链 RNA 病原体，比病毒更小、更简单，并且没有病毒那样的蛋白质外壳。不过，它们已经满足了生命的几项标准，比如变异、演化与"繁殖"（需借助细胞结构）。

术语

酶是活细胞产生的有机物，其中绝大多数为蛋白质，少数是 RNA。在生命的新陈代谢过程中，酶担负着催化功能。

尽管类病毒还缺乏蛋白质编码功能，但是在演化出基因编码和蛋白质酶之前，生命起源于非编码 RNA 依然是可能的。

非编码 RNA 中的一部分，很可能是已经逝去的 RNA 世界遗留下来的"活化石"；即便是在今天，非编码 RNA 在我们 DNA 生命世界中仍然举足轻重，至今影响着生物体的基因表达。

有意思的是，早在 1986 年，DNA 双螺旋结构的发现者之一克里克就指出，倘若整个世界是由 RNA 构成的，他也一点儿不会感到吃惊。

正因为如此，从一定意义上说，生命可能起源于病毒！

更有意思的是，曾有科学家做过一个"简化"病毒元件的有

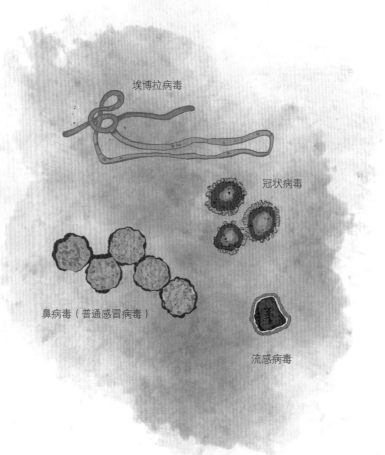

埃博拉病毒

冠状病毒

鼻病毒（普通感冒病毒）

流感病毒

趣实验。他用含有 RNA 复制所必需的成分的培养液来培养病毒 RNA，通过减小病毒的大小、降低其复制速度、丢失其遗传信息等，相当于对病毒进行进化的逆转。实验结果显示了病毒可能是生命演化的主要驱动力。

这位科学家的名字叫施皮格尔曼，他的实验产物被科学家同行戏称为"施皮格尔曼怪物"。他认为，倘若地球遇上前所未有的生物大灭绝，病毒及微生物将可能是我们星球上最成功的幸存者。也许大灾大难之后，地球上的生物多样性可以通过它们得以重启和恢复。

病毒的适应能力真是匪夷所思。由于病毒在演化过程中能够高频率地发生基因突变，经常丢失或获得基因，甚至能与另一种病毒进行基因重组，因而它们成为生命起源和演化不可或缺的强力推手。

此外，还有科学家推测，上面说到的"RNA世界"在火星上比在地球上更容易出现。这无疑为地外生命起源假说注入了活力。

近年来，科学家哈森（Robert Hazen）提出"矿物与生命协同演化"理论，又为生命起源提供了一个全新的视角。

走近科学巨匠

索尔·施皮格尔曼（Sol Spiegelman）是美国分子生物学家，他开发了核酸杂交技术，为重组DNA技术奠定了基础。

哈森认为，最早的 RNA 链在岩质的矿物表面受到了保护，并得以迅速复制。而最早的原始微生物，既不能自行制造食物，也没有其他生命为食，只能以岩石的化学能维生。深海热泉附近的微生物以热液里的矿物质维生，也是同样的道理。

化学家还发现，黄铁矿及铁镍硫化物具有特殊的性质，很可能有助于甲烷一类的简单有机化合物合成最早的生物大分子，如糖类与脂质，使其借助金属表面形成更大更复杂的有机物。此外，粘土矿物可能是构建 RNA 和 DNA 的"模板"，原始地球表面广泛分布着粘土矿物。

这些都支持"矿物与生命协同演化"理论。从这一角度来看，"孙猴子是从石头缝里蹦出来的"这一说法可能并非"空穴来风"呢！

早期的生命形式

最早的化石记录显示，大约 35 亿年前的细菌化石跟如今我们熟悉的生命形式大相径庭，更像深海热泉、火山带及废矿堆有毒金属溶液里的微生物。

科学家把世界上"所有生物最近的共同祖先"称作"露卡"（LUCA 的音译，Last Universal Common Ancestor 的首字母缩写）。从上述不同假说可见，地球早期的生命（包括"露卡"）有两大共同点：

1. 嗜热（在高温中生存）
2. 厌氧（在缺氧环境中生存）

这主要是由于它们依赖化学能丰富的矿物，以此作为能量来源，是现在我们只能在那些极端环境中才能发现它们的原因。无疑，这也极大地限制了它们的分布范围。

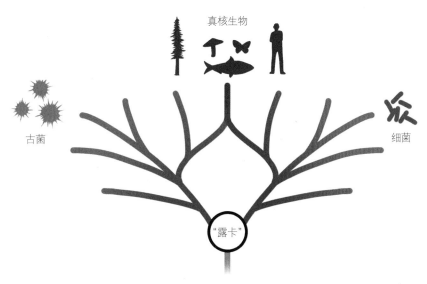

○ 早期生命演化树

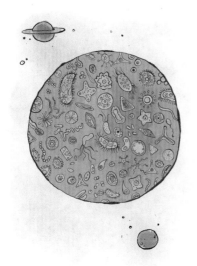

我们都知道"万物生长靠太阳"的道理，太阳辐射带来的太阳能是丰富而廉价的能源，并且几乎无处不在。因而，其中一些微生物学会利用太阳能，演化出了光合微生物。这是早期生命演化最重要的"战略"转变！

最早的古菌微生物利用地球内热，通过化学反应合成有机质，它们属于化学"自养"、不产生氧的嗜热原核生物。光合微生物则通过光合作用，利用太阳能来合成有机质，这是早期生命演化的一大飞跃。

之后，能够产生氧的蓝细菌（如发菜）以及微生物席（如形成叠层石的微生物群体）大量涌现，改变了大气和海洋的化学组成以及地球表层系统，从而推动了地表环境的变化。

在其后长达20多亿年的漫长地质岁月中，地球的大气和海洋中才增加了足够的氧气，以支持我们现在所熟悉的生物生存。

事实上，在"寒武纪生命大爆发"之前，地球上的生命几乎全部是微生物。换句话说，自地球上出现生命以来，在长达35亿～38亿年间的生命演化史上，85%的时间里只有微生物在演化；而在大约20亿年前的地球上，所有的微生物都是没有细胞核的原核生物，因此，那时的地球可称作"原核生物世界"。

生物的内共生现象

从原核生物演化出真核生物，是生命演化史上又一个重要的里程碑。

如何从简单的原核细胞，演化成包含细胞核等复杂细胞器的真核细胞？揭示这一问题的答案，主要归功于已故的美国麻省大学古生物学家琳·马古利斯。

马古利斯提出了十分烧脑的生物"内共生"理论，认为真核细胞中的细胞器原本是独立的原核生物，它们被更大的原核生物"吃"到体内后存活下来，并经过长期的共生演化，最终变成了后者的细胞器。

马古利斯在半个世纪前"脑洞大开"所提出的这一想法太具有革命性了，虽然长期以来备受争议，但现在逐渐被大家接受。这也是一段非常有名的科学故事。

术语

共生（互利共生）是指两种或两种以上生物生活在一起的相互关系，一方为另一方提供利于生存的帮助，同时也获得了对方的帮助。按照当下流行的说法，即互惠双赢。

　　早在 19 世纪中期，一些科学家就提出关于生物共生的构想，到了 20 世纪初期，另一些科学家也曾提出类似理论，但是，马古利斯的理论是第一个直接根据微生物学研究所作的推论。

　　1966 年，她试图发表自己对复杂生命的进化问题的突破性论文《有丝分裂细胞的起源》，却先后被 15 种科学杂志拒稿。当她的文章在 1967 年最终发表时，批评接踵而来，甚至被同行斥为"垃圾"。

　　马古利斯的理论在当时属于反"新达尔文主义"的"离经叛道"学说，遭到主流学派的强烈反对是很自然的事，她甚至被扣上"科学叛逆"的帽子。然而，她始终坚持自己的观点，并不断地完善证据，后来逐渐被越来越多的同行接受。

　　从事科学研究就要像马古利斯这样，敢于挑战传统理论体系，勇于坚持真理，不怕挫折，不惧失败，砥砺前行。新的发现和理论，尤其是具有革命性和颠覆性的理论，最初总会遇到传统学派的批评、围攻和抵制，但是要相信真理终究会战胜谬误，因为科学具有自我纠错的机制。

不同生物间的共生现象在自然界并不罕见。我们的口腔及肠胃里生活着大量的微生物，它们帮助我们消化食物，跟人体维持着互利共生的"和平共处"关系。

内共生理论的不同之处在于，它是指细胞内部的共生现象。由于单细胞生物的个体是由单个细胞组成的，因而，发生内共生现象没有什么特殊的困难。像变形虫一类的单细胞生物，仍然被其他单细胞生物吞噬并消化。在偶然的情况下，被吞噬的单细胞生物并没有被消化，而是侥幸地生存下来，经过长期共生演化，变成了细胞器。

马古利斯认为，被吞噬的蓝细菌变成了叶绿体，好氧细菌变成了线粒体，这样一来，便形成了真核细胞。

尽管地球上现在仍有很多原核生物，但直到真核生物出现后，地球上才有了美丽奇异的生物多样性。

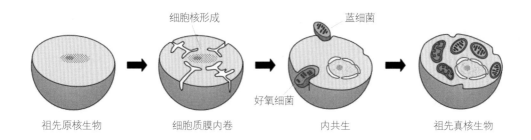

○ 内共生现象示意图

"龙生龙，凤生凤，老鼠生儿会打洞"，这一俗话早在现代遗传学建立之前，就为人们所津津乐道。

　　尽管古人对基因一无所知，却对遗传现象深信不疑。唐朝大诗人杜甫曾写过"诗是吾家事，人传世上情"，并说自己"七龄思即壮，开口咏凤凰"，可见他对自己的家学渊源及诗学基因是颇为自豪的。

　　那么，基因与遗传究竟是怎么回事呢？且听我在本章里慢慢道来。

三 基因与遗传

生物如何分类

由于我们习惯了日常生活中熟悉的事物，因而，一提起生物，我们自然而然就会想到动物和植物。

早在公元前 4 世纪，古希腊哲学家亚里士多德就把生物划分为动物与植物两大类，这两大生物类群的分法一直沿用至最近。

然而，一旦我们引入微生物，尤其是过去不为人知的极端环境中的微生物（比如前文提到的嗜热微生物），原有的动物与植物两界的生物分类系统就远远不能满足需要了。

旧的生物分类主要根据生物的外部形态和行为特征。我们熟悉的蘑菇、松茸等真菌从形态和行为上看很像植物，因此过去人们认为它们是植物；后来，分子生物学家研究发现，真菌跟动物的亲缘关系更近，它们的共同祖先是鞭毛虫，与植物的亲缘关系更远一些。因此，生物分类学家把真菌从植物中划分出来，成为独立的真菌界，与原生生物界、动物界和植物界"平起平坐"。

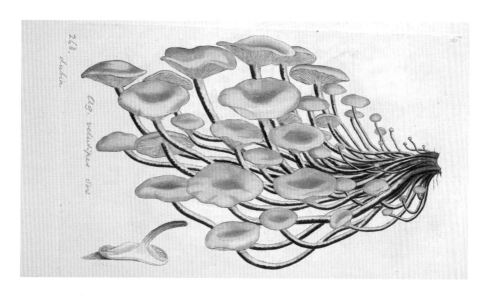

○ 全球真菌超过220万种，目前被认知和描述的只有大约15万种，还有大量真菌物种等待着人类去发现。图为两百余年前一位英国插画师笔下的蘑菇。

与上面类似的还有古菌与细菌的关系。古菌与细菌有许多相似之处，生物分类学家原以为两者之间的亲缘关系相近。后来，分子生物学家通过研究发现，古菌实际上与真核生物更接近，而与细菌的关系较远。

因此，自20世纪90年代以来，生物分类学家把原核生物中的古菌与细菌分开，并将它们在分类地位上提高到与所有真核生物同等的阶元——域，比界更高一级。

这样一来，整个生命世界便分成"两大类三域六界"：第一大类是原核生物（包括古菌域／界、细菌域／界），第二大类是真核生物域（包括真菌界、原生生物界、植物界与动物界）。

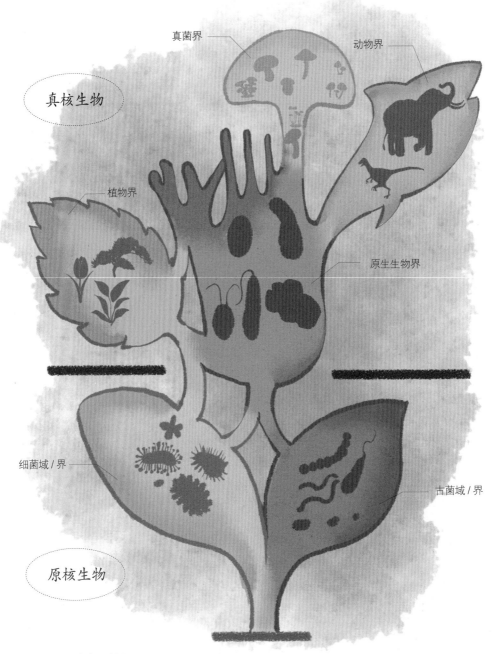

真菌界

动物界

真核生物

植物界

原生生物界

细菌域 / 界

古菌域 / 界

原核生物

○三域六界"生命之树"

也有人称此为"三域六界"分类：古菌域/界、细菌域/界和真核生物域。在这一分类体系中，古菌与细菌在分类阶元上属于"双肩挑"——既代表域，又代表界。

从细胞的结构上看，古菌域和细菌域同属原核生物（细胞里没有细胞核的生物）。除了无细胞的病毒，地球上所有的生命形式均可按照细胞结构分为两类：原核生物与真核生物（细胞里有细胞核的生物）。

尽管我们熟知的生物都是真核生物，然而原核生物才是生物圈的主体。它们不仅种类和数量多，而且演化历史长，基因多样性也比真核生物丰富得多。

细胞结构

我们知道，大自然中的动物、植物、细菌、真菌等都是由细胞组成的，它们的遗传、变异、繁殖、发育、生长、分化及新陈代谢等都是通过细胞活动实现的。

细胞是生命体的"建筑模块"，也就是生命的基本结构和功能单元。缺乏细胞结构的病毒，连能否算得上生物都被很多人质疑呢！

那么，细胞具有哪些功能呢？

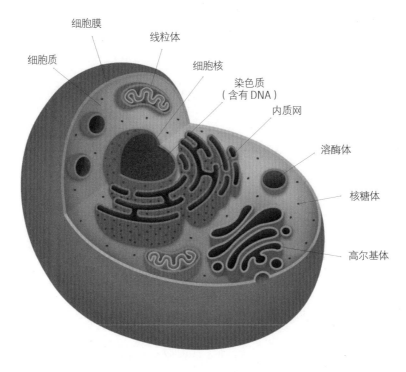

细胞膜
细胞质
线粒体
细胞核
染色质
（含有 DNA）
内质网
溶酶体
核糖体
高尔基体

○ 动物细胞结构示意图

　　原核生物的细胞里没有明显的细胞核，也没有染色体；而所有真核生物（包括我们人体在内）的细胞，几乎每个细胞中都有一个圆圆的细胞核，就像桃子中间有个桃核。

　　细胞核是发号施令的"指挥部"，里面有许多条状染色体。染色体是成对的，除了精子、卵细胞、红细胞及血小板，人体每个细胞的细胞核内都有两套完整的基因组（一套染色体中的完整的 DNA 序列），一套来自母亲，另一套来自父亲。人的体细胞中有 23 对染色体，染色体上共有 2 万多个基因。它们携带着遗传信息，蕴藏在比针尖还小的细胞核内。前 22 对染色体，男女都一样。最后一对，男女不同，称作性染色体。

人体的23对染色体中，一半来自爸爸，一半来自妈妈，这是宝宝长得像爸爸妈妈的原因。通过细胞中的染色体，医生可以查出胎儿的性别。一般情况下，女孩的性染色体是XX，男孩的性染色体是XY。

染色体中有许多线状物质，叫DNA。DNA包含各种指令，称作基因。换句话说，基因是决定生物体性状的DNA片段，也是生物遗传的基本单元。

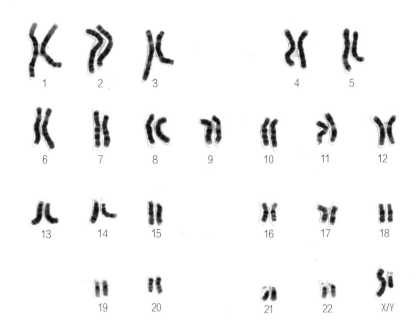

○ 人类（男性）的23对染色体

基因控制生物的性状

早在 1860 年前后，孟德尔就提出了生物中存在遗传因子的假说。但是，直到 1953 年，克里克与沃森两位科学家才提出了 DNA（携带遗传信息的生物大分子）的双螺旋结构假说，随后得到了验证。他们因此荣获 1962 年诺贝尔生理学或医学奖。

DNA 中的遗传信息以脱氧核苷酸（DNA 的基本组成单位）排列而成的"密码"呈现。在生物学中，四种包含不同碱基的脱氧核苷酸分别以 A、G、C、T 四个字母表示。在 DNA 双螺旋结构中，A 总是跟 T 配对，而 G 总是跟 C 配对。携带某一具体

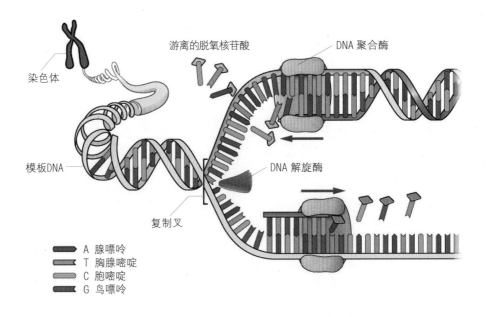

染色体

游离的脱氧核苷酸   DNA 聚合酶

模板DNA

DNA 解旋酶

复制叉

- A 腺嘌呤
- T 胸腺嘧啶
- C 胞嘧啶
- G 鸟嘌呤

○ DNA复制过程示意图

遗传信息的一段脱氧核苷酸序列称为一个基因。

我们体内有超过 30 万亿个细胞，其中大多数种类的体细胞内部都有一个细胞核。每个细胞核的 DNA 中有数万个不同的基因，影响着我们的生长和发育。

在细胞中，DNA，或者更具体地说，基因，主导着蛋白质的构建。蛋白质像生命大工厂里不同车间和部门的"工人"，在人体里执行各种不同功能，比如向大脑传送信息，促进牙齿与骨骼生长，使心脏跳动、食物消化及肌肉伸缩等。

基因有时会发生突变，扰乱蛋白质在人体里正常地执行功能，导致人们生病，比如信息不能正确地传送到大脑，牙齿与骨骼不能正常生长，心跳异常、消化不良及肌肉运动不正常等。

基因是遗传的单元，并在很大程度上决定了我们的很多特征，比如皮肤的颜色、眼睛的颜色、身材的高矮等。连宝宝的脸上有没有小酒窝，也是由基因决定的。因此，基因的差异使所有的生物都有差别。

事实上，基因对我们的影响远不止于此，它还直接或间接地影响着我们后天的许多行为和习惯。有研究表明，一对同卵双胞胎，自小失散，在不同的环境中长大，却可能会有相似的行为方式。基因的力量真是强大！

基因还能显示生物之间亲缘关系的远近，比如黑猩猩与人类之间有 96% 以上的基因序列是相同的，人与人之间有 99.9% 以上的基因序列是相同的。

　　DNA 双螺旋结构的发现是科学史上的里程碑，标志着分子遗传学的诞生。它和相对论、量子力学一起被誉为 20 世纪最重要的三大科学发现。这一发现离不开以沃森和克里克为代表的科学家们的不懈努力。

　　沃森堪称"神童"，20 岁出头就在美国获得博士学位，并有幸到剑桥大学做博士后研究。在那里，他遇到了动手能力极强的克里克。克里克并不是那一时代最聪明的科学家，但他俩拥有敏锐的洞察力和坚忍的毅力——这是优秀科学家必备的品质。

　　他们清楚地发现 DNA 的三维立体结构是当时分子生物学的核心问题，对了解遗传与生殖至关重要。因此，他们起点很高，一下子就抓住了最前沿、最重要的研究选题。

　　在其后的一年半时间里，他俩夜以继日地苦干，结合各自的专长（沃森的病毒与细菌遗传学知识以及克里克的物理与 X 射线晶体学背景），知识互补，如虎添翼。此外，他们又十分幸运地看到了一位女同事富兰克林拍摄的 DNA 纤维的高清 X 光图片。

　　就这样，沃森和克里克凭借超人的直觉、执着的精神与一份好运气，一鼓作气地取得了诺贝尔奖级别的科学发现。

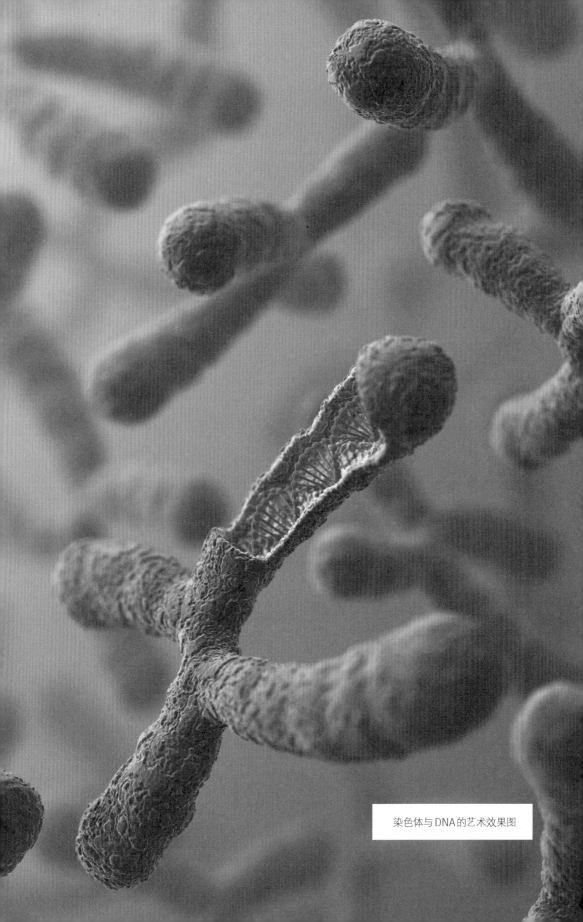
染色体与DNA的艺术效果图

遗传与变异

为了便于继续讨论，我们先复习下前文介绍的遗传学知识。

请看下图，图中的 X 状部分是染色体。左下侧显示的是生物细胞，每个细胞的中间都有个细胞核。染色体存在于细胞核中，每个细胞核中都含有许多条状的染色体。在染色体中，储存着生物遗

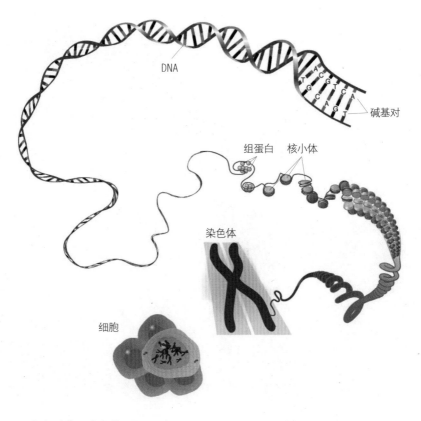

○ 细胞核、染色体、DNA

传信息的是许多双螺旋结构的线状物质，叫作 DNA。我们熟知的基因实际上是 DNA 的片段，其中包含了各种遗传指令。

基因的差异使所有生物都有差别。举个例子。人体有一些基因是控制眼睛颜色的，如果一个孩子从父母那里分别遗传下来的基因都是产生蓝眼睛的话，那么他肯定是蓝眼睛。如果来自父母一方是蓝眼睛的基因，而另一方是黑眼睛的基因，那么他会是黑眼睛，因为黑眼睛的基因相对比较"强势"（显性基因）。

不过，这个孩子身上携带的控制眼睛颜色的基因仍然是一蓝一黑的（他的一双眼睛表现为黑色）。将来如果这个孩子把蓝眼睛的基因（而不是黑眼睛的）遗传给了自己的子女，而他的子女从他的伴侣那里遗传下来的也是蓝眼睛的基因的话，那么他的子女又是蓝眼睛了——因为孩子从父母双方那里遗传来的基因都是产生蓝眼睛的。这就是为什么有时候子女眼睛的颜色会跟父母眼睛的颜色不一样。

你们说神奇不神奇？这就是遗传的结果。

如果基因只是忠实地遗传，会怎样呢？请大家想象一下：如果基因只会遗传，那么世界上恐怕所有人都长得一模一样，张三李四分不清，谁也认不出谁来，世界还不乱了套？但是现在，我们每一个人都不一样。

俗语说："一母生九子，九子各不同"，连双胞胎也不会一模一样。一树结果，酸甜各异；同一株花生的果实有大有小；在自然界根本找不到两片相同的树叶。

这些差异又是怎么造成的呢?

在形成精子和卵细胞的过程中，非同源染色体发生自由组合，且亲代的精子和卵细胞是随机结合的，这导致基因重组，子代个体出现"九子各不同"的现象。

此外，极少数基因可能会发生突变。比如由于控制肤色的基因发生变异，父母肤色正常，却会生出患白化病（因为体内欠缺黑色素而导致许多身体部位发白）的孩子（在排除隔代遗传的情况下）。由于遗传的因素，这种因为基因突变导致病态的情况还可能出现在同一家庭的好几代人身上。

原始序列

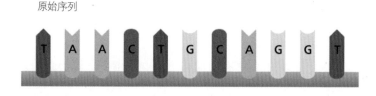

点突变

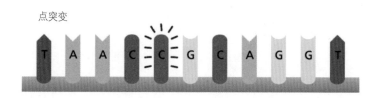

○ 基因变异示意图

○ 基因突变导致蓝闪蝶的翅膀呈现出不同的斑纹

常见的特征和稀奇古怪的特征都会遗传。遗传是规律，不遗传才是例外；生物遗传的倾向性很强，这一点是可以确定的。

遗传与变异是生物演化的"左膀右臂"，二者缺一不可。如果没有遗传，生物就不能传宗接代；因而，遗传确保了生物物种的世代连续性。而如果没有变异，生物演化就不可能发生，所有生物还保持最初那个样子，地球上就不可能有今天这样丰富多彩的动植物种类。变异确保了物种的可变性，使地球上的生物多样性成为可能。

从一定意义上说，世界之所以成为今天的世界，有遗传过程中不断"犯错误"的功劳。

对于我们揭开生命演化历史的奥秘来说，基因传递过程中的遗传和变异极其重要。如果没有遗传和变异，生物演化就不可能发生并持续下去。这是因为，如果变异不能传递下去，生物演化的接力赛就找不到下一棒的接棒者，也就跑不下去了，那么生物演化就停滞了。

正如达尔文强调的，对于演化来说，任何不遗传的变异都不重要。也就是说，变异的特征只有通过基因遗传给后代，生物演化才可能发生。

因此，一方面，遗传与变异给生物演化提供了原材料；另一方面，光有原材料还不够，由于生物演化是个永不停歇的动态过程，因而还需要引擎来驱动，而这一引擎就是达尔文理论的另一个核心内容——自然选择学说。

了解科学元典

《物种起源》全名为《论通过自然选择的物种起源，或生存斗争中优赋族群之保存》，是史上最具影响力的学术著作之一。达尔文根据二十余年的研究，以自然选择为中心，从变异性、遗传性、人工选择、生存竞争和适应等方面，论证了生物界的演化现象。

自然选择与生物演化

自然选择是英国博物学家达尔文在《物种起源》里提出的理论。要了解什么是自然选择，还要从他在人工选择现象中的发现说起。

在日常生活中，很多动植物都是通过人工的筛选和培育而变成今天这个样子的。

达尔文发现，我们平常吃的花椰菜、西兰花、卷心菜、苤（piě）蓝（球茎甘蓝）和羽衣甘蓝（常见于西式沙拉中）等蔬菜，都是用人工选择的方法，从同一种野生甘蓝培育出来的。人们根据实践经验，按照自己的喜好，在野生甘蓝中特意选择某些花或叶或根比较发达的品种留下种子，利用个体变异，一代一代地培育出来。经过世世代代，有的品种的花变得越来越大（花椰菜），有的叶子变得越来越大（卷心菜），有的茎变得越来越大（苤蓝），这是人工选择的结果。

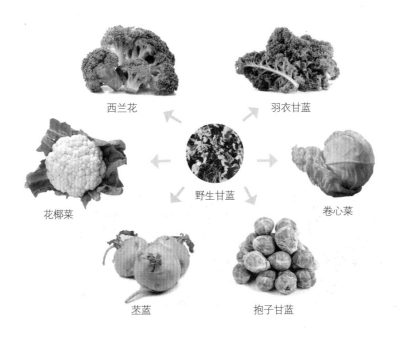

西兰花　　　　　　　　　　羽衣甘蓝

花椰菜　　　野生甘蓝　　　卷心菜

苤蓝　　　　　　抱子甘蓝

○ 西兰花、花椰菜、抱子甘蓝、卷心菜、羽衣甘蓝和苤蓝都是原产于地中海地区的芸薹属植物的园艺品种。

同样，世界上现存 400 多个不同品种的狗，它们都是从同一个野生物种——狼，经过世世代代的人工选择、培育和驯化之后产生出来的。比如人们选育善于奔跑的猎犬时，会选择腿长、跑得快的，抛弃腿短、跑得慢的；而选择宠物犬时，则迎合不同主人的不同偏好，有的小巧玲珑，有的性情温顺，有的可爱讨喜。

还有各种家畜的品种，也是经过长期人工选择而产生的，比如产奶多的奶牛、瘦肉型猪、毛质好的绵羊、跑得快或能负重的马等。

以上例子都是由于生物本身在遗传中发生变异后，人们有意识地选择自己喜欢的或对人类有用的变异，淘汰自己不喜欢的或用处不大的变异，因而形成了五花八门的品种。达尔文把这种人为的力量称作"人工选择"。

○ 不同品种的狗

达尔文还发现，自然状态下的生物物种同样也存在变异。有些变异对生物的生存似乎没有什么影响，有些可能会有害处，还有一些可能很有用。

不利于生物生存的变异会被剔除。比如生活在绿叶丛中的虫子原本是绿色的，绿色是一种保护色。如果有些变异的出现改变了虫子的颜色，那么，这些变异的个体就很容易被天敌发现并吃掉。这种变异对虫子来说是有害的，因此这些虫子很快会消失。

反之，有利于生存和繁殖的变异会被保存，并遗传下去。比如果园里的果树，由于变异，会结出两种稍微不同的果实：一种是表皮毛茸茸的果实，另一种是表皮光滑的果实。果实的表皮上是否有茸毛看似无关紧要，其实不然。园艺学家注意到，果园里有一种甲虫，名叫象鼻虫，它们喜欢吃表皮光滑的果实，不喜欢吃表皮毛茸茸的果实。这样一来，结光滑果实的果树越来越少，剩下的结毛茸茸果实的果树则越来越多。

由于这些过程中没有人类的干预，达尔文便称这种现象为"自然选择"。

自然选择是怎样发生的

没有人类的干预，自然选择究竟是如何发生的呢？

这个问题让达尔文费尽了脑筋。在很长一段时间里，他怎么想也想不通。有一天，他读马尔萨斯的《人口论》一书时，突然拨开迷雾见青天，一下子明白了。

马尔萨斯是研究人类社会的科学家，他发现，如果放任人口数量自然增长，人类繁殖的速度很快就会超过农作物增产的速度。光是粮食就不够吃，更不要说像住房、交通等其他方面的生活资源了。在人类历史上，控制人口增长主要通过下列天灾人祸的方式：自然灾害、饥荒、瘟疫（造成大批人死亡的流行性传染病）、战争等。

达尔文心想，自然界不也正是如此吗？

首先，自然界的生物繁殖速度也是异常迅速的，而自然资源是有限的。大家为了争夺有限的食物和空间，互相之间要拼死搏斗，达尔文称之为"生存斗争"。

走近科学巨匠

马尔萨斯是英国人口学家和经济学家，他的《政治经济学原理》一书被视为政治经济学领域的重要著作。他最重要的贡献是关于人口增长的理论，认为人口的自然增长总是超过粮食产量的增长，如果不节制生育，就不可能改善人类的处境。在人口学理论上，他属于悲观主义者。

我们知道，自然界的生物之间形成了食物链，即"大鱼吃小鱼，小鱼吃虾米"。很多生物要想方设法逃避被捕食者吃掉的命运，比如一般来说，植食性动物（如羚羊、兔子）比猎食它们的肉食性动物跑得快。肉食性动物跑得慢一点儿，失去的只是一顿美餐；而植食性动物跑得慢一点儿，丢掉的会是性命！这是被惨烈的"生存斗争"逼出来的生存之道。

其次，生物中存在着大量能够遗传的变异，由于生存斗争一直存在，这种能够遗传的变异无论多么微小，只要它对生物本身有利，就会被保存下来，有害的变异则会被清除。因此，达尔文给这一筛选机制起了个有趣的名儿，就是我们前文讲到的"自然选择"。

长期以来，由于受严复《天演论》的深刻影响，人们对理解人类社会发展中的"生存斗争"存在一定的误区，"优胜劣汰""适者生存"变成了人们耳熟能详的口头禅。

其实，这在某种程度上歪曲了达尔文的本意，甚至滑向了"社会达尔文主义"的泥淖。

我们不能把自然界的生物演化规律生搬硬套地运用到人类社会的演化中来。狂热的个人主义者总是试图把野蛮的行为合理化，而人类社会的发展不是模仿自然界通过生存斗争去淘汰所谓的"弱者"，而是以全人类的共同福祉为目标而进行的努力。

有趣的自然选择

我们再来看看具体的例子。蒲公英的种子带有美丽的茸毛（冠毛），它们聚集成一团团"小毛球"。你把"小毛球"摘下来，放在嘴边轻轻地一吹，那些种子便四散飞去。蒲公英长成这个样子，可不是专门给小朋友吹着玩的，而是为了它自己的生存斗争！

蒲公英的种子带有茸毛的好处，与地上已经长满了其他植物密切相关。只有这样，带有茸毛的蒲公英种子才能随风飘散，广泛传播，飘到没被其他植物占据的空地上，落地生根，发芽成长。蒲公英的根非常发达，在跟周围的植物竞争以及抵御干旱等方面占有极大的优势。可以说，蒲公英是通过自然选择在草地上"适者生存"的最有代表性的例子。

另一个有名的例子是长颈鹿。关于长颈鹿的脖子为什么这么长，拉马克想：也许伸着脖子去吃高枝上树叶的长颈鹿，生出的小宝贝脖子会更长一些？这样一代一代下来，长颈鹿的脖子就越伸越长。

走近科学巨匠

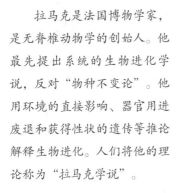

拉马克是法国博物学家，是无脊椎动物学的创始人。他最先提出系统的生物进化学说，反对"物种不变论"。他用环境的直接影响、器官用废退和获得性状的遗传等推论解释生物进化。人们将他的理论称为"拉马克学说"。

○ 拉马克的进化学说示意图

事实上，他这种理论有点儿不靠谱。我们知道，举重运动员的肌肉很发达，但并不能遗传给子女。

不过，近年来表观遗传学研究进展显示，拉马克的学说也并非一无是处。比如环境的巨大变化（如冰河时代出现）会加速进化，使动物尽快适应新的挑战；又如忍受过饥饿的动物生下的幼崽，会从食物中储存更多的脂肪。

术语

表观遗传学是遗传学的分支学科，研究DNA序列不发生改变而基因的表达出现了可遗传的变化。换句话说，虽然遗传信息没有改变，但环境改变、生活经历带来的影响、不良的习惯都有可能遗传给后代。

按照达尔文的自然选择理论，长颈鹿的长脖子很容易理解：由于个体变异，长颈鹿祖先的脖子有的长一点儿，有的短一点儿。当树叶不够吃的时候，脖子长的长颈鹿占了优势，可以吃到更高处的树叶，而脖子短的可能会饿死。脖子长的长颈鹿活了下来，并留下了后代。

　　这是自然界生存斗争的结果。

　　经过生存斗争的淘汰之后，脖子长的长颈鹿越来越多。久而久之，长颈鹿中剩下的都是长脖子，好像长颈鹿的脖子变得越来越长了。这个"淘汰"的过程就叫自然选择。

　　自然选择原理是达尔文一生最大的贡献，也是生物演化论最具革命性的内容。

　　表面上看，自然选择原理似乎十分简单。同种生物（包括人）的不同个体之间，或多或少会有些差异——世界上没有完全相同的两片树叶。这些差异是变异造成的，其中大多数变异是可遗传的。有些变异会影响生物体的生存与繁殖能力，有的变异会产生好的影响，有的变异会产生坏的影响。

　　同时，自然界的资源是有限的。为了争夺有限的资源，生物之间会为了生存而殊死搏斗。那么，具有"好"的变异的个体，存活的机会更大，留下的后代也更具有生存优势。久而久之，有益的变异得以扩散，有害的变异则被清除，最终使留存的生物种群更好地适应其生活环境。

　　这就是达尔文所说的自然选择过程。

○ 达尔文的自然选择学说示意图

加拉帕戈斯群岛上的地雀

自然选择不仅让生物更加适应环境，还有一个特别重要的作用——造成了生物的多样性。最著名的例子是达尔文在南美洲以西的加拉帕戈斯群岛看到的地雀。

　　达尔文注意到，加拉帕戈斯群岛上的地雀长着大小、形状不同的喙（嘴巴），不同的喙适合啃咬不同的食物：大嘴巴适合压碎坚硬的种子，小嘴巴适合吃软一些的种子，长而尖的嘴巴适合撕开仙人掌的花，能夹住小木棍的嘴巴则适合探测和寻找昆虫。

　　加拉帕戈斯群岛又称科隆群岛，隶属于厄瓜多尔，包括十几座小岛，由海底火山喷发的熔岩凝固而成，岛上有丰富奇特的动植物资源。1835年，年轻的达尔文曾经来此地考察。

○加拉帕戈斯群岛上的"达尔文雀"
　1.大地雀　2.中地雀　3.小地雀　4.莺雀

这些不同的地雀来自同一个祖先。由于各个小岛上的环境不同，尤其是食物来源不同，长期生活在不同小岛上的地雀祖先经过自然选择，演化成现在不同的种类。

由此可见，自然选择可以使一个现存的物种演化出一个或多个新的物种。久而久之，形成了生殖隔离，世界上五花八门的物种就产生出来了。产生新物种的过程，又称作"种化"。

然而，达尔文的自然选择学说从一开始就遭到人们的质疑和反对，包括一些支持他的科学家好友。

达尔文花了二十多年，收集了海量的证据来支持自己的生物演化论和自然选择学说，并试图说服当时批评他的人。后来，他把这些证据记录在他的传世经典著作《物种起源》中。

　　自然选择每时每刻都在满世界地审视着哪怕是最轻微的每一个变异，清除坏的，保存并积累好的；随时随地，一旦有机会，便默默地、不为察觉地工作着，改进着每一种生物跟有机的与无机的生活条件之间的关系。我们看不出这些处于进展中的缓慢变化，直到时间之手标示出悠久年代的流逝。

　　　　　　　　　　——达尔文《物种起源》（苗德岁译，译林出版社，2018年）

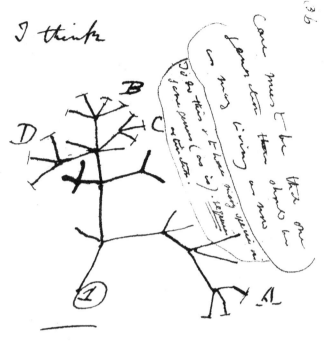

○图为达尔文的手迹，记录了他最初关于通过自然选择形成新物种的想法。

胡适先生有一句名言：有几分证据，说几分话；有七分证据，不说八分话。这充分反映了他提倡严谨治学的优良学风。

在严谨治学方面，达尔文堪称科学家中的典范。达尔文在搜集生物演化的证据方面可谓"上穷碧落下黄泉"，因而能够说服众多开始并不相信生物演化论的人，使他们接受了他惊世骇俗的理论。

本章详述了达尔文是如何追寻证据的。

四 生物演化的证据

物种是固定不变的吗

世界上不同的民族和文化，各有关于人类起源的神话传说，比如中国古代有女娲造人的神话。

在西方基督教世界，人们认为造物主用了 6 天创造出世间万物，这件事情发生在 6000 多年前。多数神学家认为，世间万物既然反映了造物主的旨意，那么，除非个别案例由造物主直接干预，否则它们自己是不会发生变化的。这就是"神创论"与"物种固定论"。

当然，这只是一种传说。然而，直到 19 世纪上半叶，西方大部分人都牢固地秉持这一观念。达尔文也不例外，况且他在剑桥大学攻读的是神学专业。当时他熟读的经典之一是"神创论"者佩利的著作《自然神学》，其中最有名的内容是佩利用手表做类比，以证明造物主的存在。

佩利的大致意思是：如果你走在路上，不小心踢到一块石头，你不会追问它是怎么来的；可是，如果你踢到的是一块手表，肯定会纳闷它怎么会出现在那里——因为它不是大自然的产物，一定是由某个钟表匠制造出来的，不知道又被什么人不小心丢失在那里。

因此，佩利推论道：手表上每一个精巧设计的表现，每一个被加工的迹象，也同样存在于自然产物之中；既然手表肯定是由钟表匠设计和制造的，那么，大自然也应有一个创造它的智能设计者。

信奉"神创论"的人总是对这个类比津津乐道，用自然产物（比如我们的眼睛）的精巧来赞美造物主高明的手艺。

法国著名数学家拉普拉斯有句名言："不同凡响的学说需要有与其不可思议性旗鼓相当的证据来支持。"是不是有点儿拗口？已故的美国天文学家卡尔·萨根（他曾是马古利斯的丈夫）用更为浅显的表达方式，使这一名言在科学界尽人皆知："非凡的学说需要非凡的证据来支持。"

达尔文深知拉普拉斯名言的真谛，对自己理论的不同凡响自然也心知肚明：毕竟千百年来，人们一直相信，世间万物都是神灵造的。但他自己认为：完全不是这样的！新的物种是从旧的物种那儿演化而来的。

这无异于把整个世界翻了个"底朝天"，颠覆了人们对这个世界（特别是对人类自身）的认知，难免会引起一场科学及思想上的革命。他必须拿出"非凡的证据"，支持自己的这一"非凡的学说"。

走近科学巨匠

卡尔·萨根是美国著名天文学家、天体物理学家，曾经致力于金星表面的温度研究，同时是一位出色的科普作家和科幻作家。他对地外生命抱有极大的兴趣，曾经说过一句名言："宇宙比任何人能想象的还要大，如果只有我们，那就太浪费空间了。"

因此，达尔文花了巨大的精力去搜集方方面面的证据，来支持自己在《物种起源》中提出的生物演化论与自然选择学说。

南美洲的化石和异象

在逻辑上，手表的类比与推理似乎是无懈可击的。达尔文起初也深信不疑，可是，他在五年环球科考途中所见的一切却令自己十分困惑。

达尔文初到南美洲时，发现已完全灭绝的大地懒化石与现存的树懒骨骼相似。他还发现，在巴西的洞穴里，有很多已灭绝的物种，其个头大小与骨骼形态跟现生的物种也十分相近。

同样，当他到了澳大利亚，他发现那里的哺乳动物化石也与现存的有袋类动物相似，而与其他大陆上的化石或现存的哺乳动物大不相同。

如果这些动物都是造物主创造的，为什么造物主要在同一个地区两次创造同一类动物？既然第一次创造的动物灭绝了，说明它们是不太成功的，为什么不加以改进，却再次创造出与前一次相似的类型？

达尔文据此推断：物种并不是由造物主创造的，也不是固定不变的，而是经历了逐渐演化的过程；这些化石中的一些物种或

○ 南美洲的大地懒化石

许就是现存物种的祖先。

达尔文还观察到一些奇怪的现象。在南美洲的拉普拉塔平原上，几乎没有树木，却能见到一种啄木鸟：它的身体结构、色彩、音调及飞翔的姿态与我们在其他地方常见的啄木鸟非常相似，然而它是一种从未上过树的啄木鸟。

同样，生于高地的鹅，尽管脚上长着蹼，却生活在干燥的陆地上，很少甚至从未下过水；脚趾很长的秧鸡，竟然生活于草地之上而非沼泽之中。

以上现象引起达尔文深思：也许它们身上的这些特征都是从它们的祖先物种那里继承下来的，虽然后来生活环境和习性改变了，但身体结构的变化有些滞后，没来得及彻底改变。否则，造物主怎么会在这些地方创造出如此"蹩脚"的动物呢？

还有一些看似反常的现象也引起达尔文的注意，比如长颈鹿的尾巴看起来像苍蝇拍。他想，尾巴这样一个驱赶蚊蝇的小玩意儿，会不会经过演化而变得越来越好？毕竟，在南美洲，牛和其他动物的分布范围和生存状况很大程度上取决于它们抵挡昆虫攻击的能力。无论用何种方式，那些能够防御这些小敌害的个体，便能扩展到新的草地上，并获得巨大的生存优势。这些四足兽虽然不会被蚊蝇直接消灭，但如果不停地被它们骚扰，体力也会减弱，更易染病，或者在饥荒来临时，由于体力不足，无法顺利地找寻食物或逃避野兽的攻击。

哺乳动物头骨上的骨缝，曾被认为是帮助母体分娩的巧妙结构，甚至可能是胎生动物顺利出生所不可或缺的。可是，卵生的鸟类和爬行动物的头骨也有骨缝。达尔文想，骨缝这一

术语

胎生：动物的受精卵在母体的子宫内发育为胎儿后才产出母体。

卵生：动物的受精卵在母体外发育、孵化为新个体。

构造可能起源于一些卵生的低等动物，只不过为胎生的高等动物在分娩过程中所利用罢了。

就这样，达尔文为一些令人困惑的现象做出了合理的推断。

达尔文还注意到一个有趣的现象：在南美大陆，不同地区的同一类动物存在着一定的差异，比如南美大陆北部的美洲鸵个头显然比南端的美洲鸵大得多。

美洲鸵

美洲鸵与我们常说的鸵鸟不同。鸵鸟只有两趾，生活在非洲；美洲鸵有三趾（如图），为美洲特有，包括美洲鸵鸟和美洲小鸵两个物种。美洲鸵鸟分布范围较广，美洲小鸵只分布在南美大陆南端附近。

为什么不同区域的同类生物存在明显差异？后来，达尔文在加拉帕戈斯群岛找到了这一问题的答案。

加拉帕戈斯群岛的启示

加拉帕戈斯群岛是达尔文环球科考过程中最著名的地方。该群岛地跨赤道两侧，距离南美洲海岸约 1000 千米。在那里，几

○ 加拉帕戈斯群岛

○ 加拉帕戈斯象龟——现存最大的陆龟

乎每一种陆生或水生生物都带有明显的美洲大陆的印记。

在加拉帕戈斯群岛上，26种陆栖鸟（数字引自《物种起源》原著，下同）中，有20多种是当地土生土长的特有物种，然而它们中的一些雀类（称为"达尔文雀"）与美洲的某种雀类有密切的亲缘关系。群岛上的其他动物及几乎所有的植物也都与美洲大陆上的相似，但各小岛之间略有差别。比如加拉帕戈斯象龟，在不同的岛上，它们的脖子长短及龟壳上的花纹各不相同。

达尔文在《物种起源》中写道：一个博物学家，在远离大陆数百英里的太平洋火山岛上观察生物时，却如同置身于美洲大陆上。为什么会这样？为什么加拉帕戈斯群岛的土著物种跟美洲大陆的物种如此相似？

达尔文还发现，在距离非洲大陆比较近的佛得角群岛，岛上的生物与非洲大陆的生物之间也有类似的相关性。

一方面，加拉帕戈斯群岛在生活条件、地质性质、高度、气候等方面，都与南美大陆沿岸的相应条件大不相同，但有相似的生物；另一方面，加拉帕戈斯群岛与佛得角群岛在土壤性质、气候、高度、大小等环境条件方面有相当大的相似性，但岛上的生物完全不同。

达尔文相信，"神创论"的观点是难以合理地解释上述事实的。

很明显，加拉帕戈斯群岛很可能接受了来自美洲大陆的移居者，而佛得角群岛则接受了来自非洲大陆的移居者；各自生物的原始诞生地不同。

在加拉帕戈斯群岛的几座岛屿上，尽管每一座单独岛屿上的生物都有一定的独特性，但彼此之间的亲缘关系十分紧密。这大体符合常识推论，因为这些岛屿彼此相距很近，很可能会接受来自相同"原产地"的移居者。

不过，真正令人惊异的是，在不同岛屿形成的新物种并没有迅速地扩散到邻近的其他岛屿上。

几座岛屿之间尽管"鸡犬之声相闻"，却被深深的海湾隔开——这些海湾大多比英吉利海峡还要宽，各岛屿也从未相连过。各岛之间的海流急速且迅猛，大风又异常稀少，因此彼此之间的隔离程度相当大。

达尔文由此推断，最初美洲大陆上的一些地雀祖先可能顺着大风飞到了加拉帕戈斯群岛的各座小岛上。它们在小岛上扎根之后，由于食物来源不同，各座小岛上的地雀慢慢地演化出不同的特征以适应各自的食性。比如在有的小岛上，地雀的主要食物是坚果或坚硬的种子，它们的喙慢慢变得粗大，像核桃夹子一样，能把坚果或种子更轻易地压碎；而在有的小岛上，地雀的主要食物是昆虫，它们的喙慢慢变得细长，更利于捉住虫子……

由于各座小岛几乎处于相互隔离的状态，久而久之，便形成了如今不同的小岛上生存着不同地雀的情况。

加拉帕戈斯群岛

　　加拉帕戈斯群岛具有火山地貌和奇特的多样性气候，岛上有多种其他地区罕见的动植物，可谓珍禽怪兽云集，被称为"活的生物进化博物馆"。图为海鬣蜥，是仅存于加拉帕戈斯群岛的鬣蜥目物种。

更多、更多的证据

《物种起源》中类似的观察与推理不胜枚举。书中除了化石与生物地理分布方面的证据，还有大量分类学、形态学（包括动物体内的痕迹器官）及胚胎学等方面的证据。

达尔文通过描述生物之间具有相似性、可以分门别类地组合在一起，来为他的生物演化论提供证据。

他强调，不同物种具有或多或少的相似性，而能被分类学家予以分类，正说明它们之间存在着演化关系，因此，生物分类呈现出不同物种之间的亲缘关系。这些分类形成的所有"枝杈"，正说明它们属于同一棵"生命之树"。而"树"的根部，正是它们的共同祖先所在。

谈到生物分类的时候，达尔文还指出：生物的外部特征有时只能为生物分类提供有限的信息；而生物的生殖器官、骨骼、胚胎等结构常常能提供更为有用的信息。两种生物即使外表看起来截然不同，依然有可能具有相似的内部特征，因而有较近的亲缘关系。

现在，让我们想一想：人类用于辅助抓握的手臂、马用于奔跑的前肢，龟用于爬行的前腿、海豹用于游泳的鳍状肢，以及鸟和蝙蝠用于飞翔的翅膀，为什么都包含着相似的、处于同一相对位置的骨头？

理查德·欧文是英国生物学家、比较解剖学家与古生物学家。他曾对许多脊椎动物进行分类与命名，其中最著名的是我们熟知的"恐龙（dinosaur）"一词。他曾长期任职于大英博物馆，并大力搜罗生物标本及化石，因此获得荣誉勋章。

达尔文指出，正是由于各类脊椎动物起源于同一个共同祖先，才形成了这种现象。有意思的是，这一现象最早是与达尔文同时代的英国生物学家欧文发现的，他还提出了"原始型"和"同源性"的概念。

然而，欧文是坚定的"神创论"者，他把这一现象归功于造物主。达尔文纠正了欧文的错误，并为生物演化论提供了有力的证据。

退化、萎缩或发育不全的痕迹器官在自然界中极为常见，比如哺乳动物的雄性个体普遍具有退化的乳头；在蛇类中，有些肺的一叶是退化的，有些存在后肢的残迹。

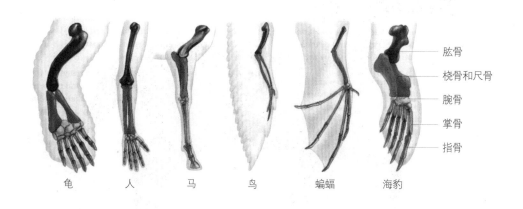

龟　　人　　马　　鸟　　蝙蝠　　海豹

肱骨
桡骨和尺骨
腕骨
掌骨
指骨

○ 脊椎动物前肢同源构造对比图

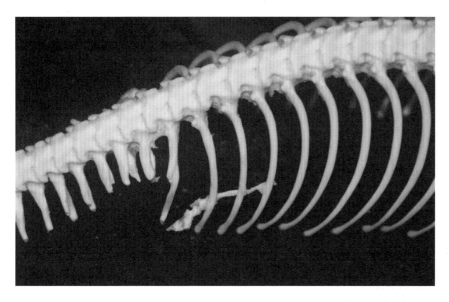

○ 图中与肋骨交叉的长条形骨头是蛇的后肢的残迹

有些器官退化或萎缩的例子极为奇怪，比如须鲸在胚胎时期长有牙蕾，但它们成年后连一颗牙齿都没有；未出生的小牛的上颌生有牙齿，但从不穿出牙龈之外；某些鸟类胚胎的喙上，仍有牙齿的残迹，成年后则完全消失了；翅膀是用于飞翔的，然而，很多昆虫的翅膀萎缩到根本不能飞翔。

达尔文据此推论，痕迹器官可以与英语单词中的一些字母相比拟——它们虽保存在拼写中，却不发音；同时，这些"无声"的字母可用作追寻词源的线索。

当"自然选择"遇上"日积月累"

　　达尔文不仅提出了自然选择的原理，而且向世人展示了自然选择在生物演化中无与伦比的力量：自然选择每时每刻都在审视着世界上的每一个变异（即便非常轻微），清除"坏"的，保存并积累"好"的；无论何时何地，一旦有机会，便默默地、令人难以察觉地工作着，改善每一种生物跟周围环境之间的关系。

　　也正是由于自然选择作用的累积，导致后代与其原始祖先之间的差异越来越大（即达尔文在《物种起源》中提出的"性状分异"），以至演化出新的物种。

　　在达尔文之前，几乎没有人能反驳如下观点：一个东西，如果看起来像设计过的，那它一定就是设计过的。正如西方谚语所说的那样："看起来像个鸭子，走起路来像个鸭子，叫起来也像个鸭子，那么它一定就是个鸭子！"

　　这个推理逻辑似乎无懈可击，却被达尔文看出了破绽。

　　达尔文发现，直觉在这里是错误的，除了

随机组合和人为设计，还有第三种可能——累积的自然选择。只要有一点点细微的改善，自然选择就会找到它、利用它，用时间让演化达到那些似乎难以企及的目标和复杂性。

通过自然选择发生的生物演化，是个集腋成裘的过程。开始的时候差异很小，经过长期累积，差异越来越大，直至形成了不同的物种。这个过程又称分异原理。

分异原理如何应用于自然界呢？让我们看看两个例子。

在任何一个地区，某一种肉食性四足兽的数量很容易达到饱和，这是因为它们要通过捕食其他动物生存，而这些食物资源是有限的。在数量增长到某一限度之后，这些四足兽的后代必须通过变异去夺取其他动物目前所占据的生存空间。比如有些四足兽会改变猎食对象，活物也吃，腐肉也吃；有些能生活在新的处所，或者上树，或者下水；有些会改变食性——少吃肉，或者像大熊猫那样干脆改吃竹子。这些肉食性动物的后代在习性和构造方面变得越多样化，它们所能占据的生存空间越多。

植物也一样。同样大小的两块地上，如果一块地只种一种小麦，另一块地混种几个不同变种的小麦，那么，后者会长出更多不同变种的小麦，平均产量也比前者高。

对于一个物种的后代来说，在构造、体质、习性上越多样化，越能在数量上增多，越能侵入其他生物所占据的生存空间，从而越能在生存斗争中取得成功（这类似投资中的"不要把鸡蛋放在一个篮子里"）。

"不要把鸡蛋放在同一个篮子里"意思是说，用分散（或分离）投资来分散和规避投资过于集中所带来的风险，免得一输皆输。后来，这一说法发展为现代投资组合思想，即应用最优投资比例来降低投资风险，并获取最大收益；也就是说，既要考虑到投资的多元化，又要权衡风险与收益之间的关系。

生物演化过程中也有"分散投资"，即物种通过分异以占领更多的生存空间，得以全面发展；当环境发生巨大变化时，可避免因生存环境过于单一而惨遭"全军覆没"的厄运。

达尔文在《物种起源》里讲述了同一个地区的两种狼是如何从原先同一种狼演化而来的故事。

在不同的环境条件下，狼会使用不同的方法来捕食不同的动物，它们有时使用狡计，有时施展力量，有时以快捷的速度来征服猎物。

在美国卡茨基尔山脉，栖息着狼的两个变种：一种身材轻快，生活在山地，以鹿为食；另一种身体庞大、腿较短，常常袭击山脚下村庄里牧民的羊群。

在狼捕猎最艰难的季节里，山地上的小动物已很少，只剩下像鹿一类非常敏捷的猎物。在这种情形下，只有身体细长、跑得最快的狼才能抓到鹿，也才有最好的存活机会。因此，这样的狼得以存活，或者说是被"选择"了。即使狼捕食的动物不只是鹿，也会有那么一只小狼崽，生来就喜欢捕鹿。这种习性上的细微变化对这只狼有利，因此它最有可能存活并留下后代。它的一些幼崽也有很大概率会继承同样的习性，并通过不断地重复这一过程，形成身体细长、轻快善跑的变种。

　　而那些生活在低地的狼，主要袭击家养的羊群，一般无须跑得特别快，因此保持了较为庞大的身躯和较短的腿。

　　这样一来，山地的狼与低地的狼捕食不同的动物，连续地保存了最适应各自生活环境的个体，最终形成两个不同的变种。

　　环境在自然选择中发挥了筛子的作用。生物所处的环境是不断变化的，相应地，生物本身会在自然选择的驱动下不停演化。经年累月之后，它们的形态结构特征会与周围的环境更加协调，更利于自身的生存和繁衍。结果是，在千差万别的环境中，演化出了五花八门的生物类型。

　　原来，今天地球上的生物多样性是亿万年来生物在自然选择的驱动下适应环境的演化结果。

"生命之树"的诞生

按照自然选择理论，只有适应环境者才能在生存斗争中生存和繁衍，之后，由于生态环境的多样性和分异原理，日积月累的自然选择过程成为生物多样性的由来。

如此看来，原来生物界中的万物都是从同一个老祖宗那里来的！达尔文根据"共同祖先"这一概念，画出了"生命之树"，来描绘生命演化的宏观图景。

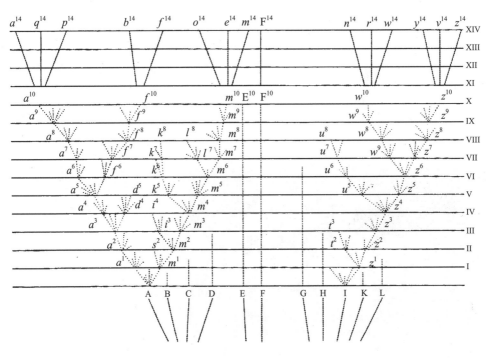

○《物种起源》里的"生命之树"图，也是原著中唯一的一张插图。

绿色的、生芽的小枝可以代表现存的物种；往年生出的枝条可以代表那些长期以来先后灭绝了的物种。在每一生长期中，所有生长着的小枝，都试图向各个方向分枝，并试图压倒和消灭周围的细枝和枝条，正如物种以及物种群在生存大战中试图征服其他物种一样。主枝分为大枝，再逐次分为越来越小的枝条，而当此树幼小之时，主枝本身就曾是生芽的小枝；这种旧芽和新芽由分枝相连的情形，大可代表所有灭绝物种和现存物种的层层隶属的类群分类。当该树仅是一株矮树时，在众多繁茂的小枝中，只有那么两三个小枝得以长成现在的大枝并生存至今，支撑着其他的枝条；生存在遥远地质年代中的物种也是如此，它们之中极少能够留下现存的、变异了的后代。自该树开始生长以来，许多主枝和大枝都已枯萎、折落；这些失去的大小枝条，可以代表那些未留下现生后代而仅以化石为人所知的整个的目、科及属。

　　我相信这株巨大的"生命之树"的代代相传亦复如此，它用残枝败干充填了地壳，并用不断分杈的、美丽的枝条装扮了大地。

注：图中文字引自达尔文《物种起源》（苗德岁译，译林出版社，2018年）。

达尔文把生物的祖先类型比喻为树根和树干，每一个主要类群（如纲、目、科）好似大小不一的枝条。现生物种只是树上的一些嫩枝、绿叶和新芽，枯枝落叶则代表已灭绝的物种，其中有些以化石的形式得以保存；树冠代表当今地球上的生物多样性，树根则代表万物的原始祖先。

"生命之树"是对生物演化的绝佳概括。

《物种起源》推翻了"神创论"之后，又为生物演化提供了自然选择这一非"神力"所干预的机制，还揭示了生物多样性与"万物共祖"是生命演进的两方面（如同一枚硬币的两面）。

正如《物种起源》书末的一句所描述的：

> 生命及其蕴含之力能，最初注入寥寥几个或单个类型之中；当这一行星按照固定的引力法则循环运行之时，无数最美丽与最奇异的类型，即是从如此简单的开端演化而来，并依然在演化之中；生命如是之观，何等壮丽恢宏。

最早把达尔文学说介绍到中国来的人，是《天演论》一书的编译者严复。严复把"生存斗争"与"自然选择"翻译为"物竞天择"，可谓精炼，且非常贴切。因此，在 19 世纪末 20 世纪初的中国，"物竞天择""适者生存"变成了颇为流行的词儿。

由于严复和一些同时代的启蒙思想家深受英国哲学家赫伯特·斯宾塞的影响，他们着意地把达尔文"适者生存"的概念转化为"强者生存"的口号，提出"物竞天择""优胜劣败"等思想，将"适者"与"强者"画上了等号。对于经受西方列强侵略、风雨飘摇的清王朝及当时国弱民穷的中国来说，这些口号颇能激起人们的认同。不过，这一思想也造成一百多年来不少人对达尔文学说的诸多误解。

事实上，生物能否生存，跟其强弱与否并没有绝对的关系，事实是越能适应环境的个体，越具有生存的优势。

因此，在三十多亿年的生命演化史上，弱者逆袭的例子比比皆是；而在生物界，巧妙的适应到处可见。

"物竞天择""适者生存"并不是达尔文原本的观点。他没有说过这样的话，他提出的是"自然选择"。尽管他从《物种起源》第五版开始，曾引用过斯宾塞的"适者生存"一语，但他对此持保留态度。

"适者生存"所指的"适应"带有主动性和意识性，而生物学中说的生物对环境的"适应"，通常是被动和无意识的，是自然界选择了那些适应环境的性状和个体，淘汰了那些不适应的。"适者"不等于"强者"，"弱者"也未必被淘汰。

走近达尔文的一生

"问渠那得清如许？为有源头活水来。"达尔文出身于英国中部的名门望族，有幸具有智力和社会地位等方面的优势。

美国历史学者、作家保罗·约翰逊在《达尔文：天才画像》中指出，达尔文的祖父伊拉斯谟斯·达尔文是名医（英王乔治三世曾邀请他当御医，却被他婉拒）、发明家、植物学家、生理学家与诗人，属于才华横溢型天才人物。达尔文的父亲罗伯特·达尔文是名医、聪明的投资家，属于直觉型天才人物。达尔文的外祖父约西亚·韦奇伍德是当时英国著名的工业家（制陶商），属

想了解达尔文对世人的影响，可以阅读《普天尽说达尔文》（*What about Darwin?*）一书。该书由波士顿大学历史系教授汤姆士·格里克编纂，相当于一部名人语录，记录了全世界名人讲述自己受达尔文著作的影响或与达尔文接触的感受，其中包括政治家甘地、科学家法拉第、科学家爱因斯坦、哲学家尼采、文学家狄更斯、作家契诃夫、诗人叶芝、音乐家瓦格纳等。

他们无论赞同还是反对达尔文的理论，但对于达尔文的睿智、博学、诚恳、谦逊及人格魅力，几乎是众口一词地赞赏有加，充分显示了达尔文对19世纪、20世纪世界伟人的深刻影响。

于经验型天才人物。

达尔文身上兼具才华横溢型、直觉型和经验型三种天赋，想不成为天才都难啊！

在先天与后天两方面的影响中，达尔文显然是属于天赋异禀的；然而，达尔文成长和受教育的后天环境也是得天独厚的。

达尔文的家族拥有雄厚的经济实力和广泛的社会关系网，使他接受了当时英国最好的教育，有机会与著名的学术精英结为好友、切磋学问。达尔文在弱冠之年便参加了环球科考之旅，三十岁左右就以《小猎犬号航海记》暴得大名。

达尔文终生衣食无忧，无须投身职场，不会受到工作的羁绊。他可以随心所欲地选择研究方向，可以全身心投入到科研活动中。那个时代的科学家大多跟达尔文差不多，称为绅士科学家。他们是真正的科学"玩家"，做的是以兴趣为导向的研究，令如今的职业科研人员无比羡慕。

尽管如此，达尔文并不是传统意义上的"学霸"，他自小活泼好动，热爱大自然。他八岁丧母，由姐姐们带他识字，后来，他与小一岁的妹妹艾米丽同校学习，但他的成绩远不如妹妹。

然而，达尔文有一种不同于兄弟姐妹的天性，即对博物学的强烈爱好，他尤其痴迷于搜集各类标本，包括化石、矿物、昆虫、贝壳、植物等。他从不满足于一般的采集，而是在采集过程中细心观察、记录各种有趣的自然现象，并喜欢思索，寻求这些现象背后的科学原理。

对于学校里一些乏味的课程，达尔文要求自己取得一般成绩即可。他在爱丁堡大学医学院时，曾因对医学不感兴趣而中途退学。一次，父亲生气地批评他："你对正经事毫不专心，只晓得打猎、养狗、捉老鼠。这样下去，你将来不仅会丢自己的脸，也会丢全家人的脸！"

然而，达尔文不平凡的一生表明，人的成长跟学习成绩并没有什么直接关系。达尔文能取得巨大的成就，关键在于他对自然科学有始终不渝的爱好和追求。

事实上，达尔文不仅是执着的田野博物学家和书斋型学者，而且是罕见的"工作狂"。

1831 年，达尔文从剑桥大学毕业后，跟随"小猎犬号"战舰开始了历时五年的环球科考。他经历了背井离乡的孤独，忍受了自此折磨他大半生的病痛，勤奋著述，涉及地球科学、生命科学、行为科学等诸多领域，并皆有大成。

启程时，他跟当时绝大多数人一样相信"神创论"和"物种固定论"；五年后，他返航归来，心中已对此充满疑问。

之后二十多年间，他潜心研究在环球科考期间搜集的大量证据，最终向世人证明：自然界的一切不是造物主一手创造出来的，也并非一直是今天这个样子；世间所有的生物都是由最初原始的共同祖先经历漫长岁月演化而来的，人类自身也是生物演化的产物。

在《物种起源》里，达尔文用生物演化论来证明生物物种的"独立创造"学说是不科学的。他用"万物共祖"的唯物主义理论，去挑战"神创论"这一在当时占主导地位的宗教信条。

他认为，所有已知的生命形式都由同一"生命树"根部的最原始生物演化而来。在漫长的地质时期，通过自然选择的竞争淘汰机制，适应性较差的种类不断灭绝，适应性较强的种类不断演化，延续至今。

作为一个科学工作者，我的成功取决于我复杂多元的心理素质和条件。其中最重要的是：热爱科学、善于思索、勤于观察和搜集资料、具有相当的创造力和广博的常识。令人惊讶的是，凭借这些极平常的能力，我居然在一些重要方面影响了科学家们的信仰。

——《达尔文自传》

My success as a man of science...has been determined...by complex and diversified mental qualities and conditions. Of these, the most important have been—the love of science—unbounded patience in long reflecting over any subject—industry in observing and collecting facts—and a fair share of invention as well as of common-sense. With such moderate abilities as I possess, it is truly surprising that thus I should have influenced to a considerable extent the beliefs of scientific men on some important points.

——The Autobiography of Charles Darwin

○达尔文随"小猎犬号"战舰做环球科考

　　尽管达尔文当时并不知晓生物的变异和遗传机制，但他极其聪明地利用维多利亚时代人们对动植物驯化的熟稔程度，展示了人工选择不过是自然选择的一种极端情形而已，这其实距离解释演化过程本身仅一步之遥。

　　人们理解了人工选择的伟大力量，也就不难理解和接受达尔文的自然选择理论。自然选择理论才是达尔文对生命科学和人类思想史最伟大的贡献。达尔文以一人之力，改变了千百年来人们的固有观念和信仰。

　　达尔文带来的最大冲击无疑是完全否定了造物主无所不能的

创造力。这种影响远远超出了科学范畴。

《物种起源》被公认为是一本"改变了世界进程的书"，它不仅奠定了生命科学这个大学科的理论基础，而且几乎改变了全人类的思维方式、认知方式和行为方式，成为有史以来最重要的科学与人文经典。

美国诗人伊丽莎白·毕肖普说过："我确实崇拜达尔文！当你阅读达尔文，你会敬佩他从无尽的、英雄般的观察中所构建起的美丽、坚实的理论框架，几乎是下意识的或自动的——然后，突然释放。你会感受到他工作的奇特，看到一个孤独的年轻人眼睛死盯着事实和不起眼的细节，沉湎于眼花缭乱的未知世界。人们在艺术中寻求的也是同样的东西，这种东西是创新必备的：一种忘我和'无用'的专注。"

此外，达尔文的好运气也是无人能及的，不仅仅是前文说的他有幸出生在富贵之家。他带着莱伊尔的名著《地质学原理》，登上了"小猎犬号"战舰，沿途"用莱伊尔的眼睛看世界"，试图观察书中描述的各种地质现象。唯独地震这一地质现象，不是人们想看就能看到的。可是，达尔文在智利考察时，有一天中午在野外的树下午休，突然被地震震醒了。那是历史上著名的1835年智利8.5级大地震，达尔文亲身经历，但当时不在建筑物里面，因而毫发无损。

你说他有多大运气啊！因此，现在也有人建议把他的"适者生存"学说改为"幸者生存"。

"智者顺时而谋，愚者逆理而动"，"凡夫转境不转心，圣人转心不转境"。这些古代名言规劝人们在生活中要善于审时度势，努力适应环境，方能在某一领域取得成功。

　　同样，生物要想在千变万化的自然环境中求得生存与发展，也必须不断地演变以适应不断变化的外部环境。其实，生物对环境的巧妙适应性，不仅显示了自然选择的伟大力量，也是生物演化的必然结果。

　　本章深入讨论了生物适应自然环境的种种神奇现象，令人叹为观止。

五　生物对环境的适应性

自然选择的力量

由于所有生物都极力在大自然中争夺一席之地，那么，任何一个物种，如果不能跟竞争者一样发生相应程度的变异和改进的话，它将必死无疑。

只有比竞争对手更好地适应生存环境，才更有可能获得存活及繁衍后代的机会。

此外，所有生物个体之间都存在着差异。有些特征帮助它们在荒野中生存，有些特征帮助它们躲避敌人，有些特征帮助它们捕食猎物，也有些特征帮助它们活得更久或留下更多的后代，如此一来，这些有益的特征就会慢慢地积累下来，并遗传给后代。

显然，自然选择过程带来的直接后果，是留下的个体都能适应环境而生存。

有利于生物在特定的环境中生存与繁殖的特征，称作适应性特征。鸭子与鹅的脚上用于划水的蹼、海象身上用来保暖的厚皮、河马位于吻端上方的鼻孔、鱼类及水生哺乳动物的流线型体形、鸟类中空的骨骼、蝙蝠飞行中所依靠的回声定位能力、变色龙能随周围环境变色的皮肤、长颈鹿的长脖子、智人用于直立行走的两足等，都是适应环境的例子。

○ 变色龙

　　其中，传粉昆虫的口器对相应植物花管的适应最令人叹为观止。举例来说，蜂类靠尖管状的嚼吸式口器从花朵的管状花冠底部吸食花蜜。红三叶草和绛三叶草的管状花冠的长度乍看起来差不多，但红三叶草的花管比绛三叶草的稍长一点儿。因而，普通蜜蜂能很容易地吸取绛三叶草的花蜜，却吸不到红三叶草的花蜜。熊蜂能吸食到红三叶草的花蜜，因为熊蜂的口器稍长一些。尽管

○ 红三叶草（也称为红车轴草）

○ 绛三叶草（也称为绛车轴草）

红三叶草漫山遍野，源源不断地供应着珍贵的花蜜，普通蜜蜂却无法享用，也很少造访。

如果这些蜜蜂的口器稍长一点儿，或者红三叶草的花管稍短或顶部裂得深一点儿的话，蜜蜂便能吸食到它的花蜜了。由此看来，通过连续保存具有互利特性的构造变异，花和蜂类之间最终可以实现完美的相互适应。

另一个自然选择驱动生物适应环境的著名例子，来自英国的桦尺蛾身体及翅膀的变色（黑化）现象。

在工业革命之前的英国和欧洲大陆上，人们常常能看到树干上有一种带黑色斑点的灰蛾子，名叫桦尺蛾。这种桦尺蛾的颜色与生长在树干上的地衣颜色十分接近。

19 世纪初，英国的很多城镇都在经历工业革命。随着越来越多新工厂的出现，工厂的烟囱里排放出大量煤灰与烟尘。树干的颜色慢慢地变成了黑色，生长在树干上的地衣也逐渐死去。

到了 19 世纪中叶，在英国的工业城市曼彻斯特，人们头一次发现了黑色的桦尺蛾，但它们的数量只占当地蛾子数量的不到 1%。然而，五十多年后，黑蛾子在当地的占比达到了

○ 灰色桦尺蛾与黑色桦尺蛾

95% 左右。

这一现象是工业严重污染环境造成的。大量工厂的烟囱里冒出来的煤灰和烟尘把树皮染黑了，在这样的环境中，灰蛾子很容易被捕食它们的鸟看到，因而数量越来越少；而黑蛾子由于有一层保护色，不容易被鸟类捕食，经过一代代的繁衍之后，便取得了数量上的优势。在我们看来，原来的灰蛾子好像在不太长的时期内逐渐"变"黑了。科学家还发现，在一天之内，工业区树干上的灰蛾子竟被鸟吃了近一半。因此，灰蛾子消失的速度之快是相当惊人的。

更有意思的是，很多年以后，随着空气质量的逐渐改善，地衣又在树干上重新长了出来。这时候，黑蛾子在树干上反而变得十分显眼了，也更容易被鸟类捕食了。结果，灰蛾子又慢慢地变得越来越多了，逐渐地恢复到工业革命前的情形。

这也是展示自然选择伟大力量的著名例证之一。

形态适应性

关于生物在形态结构上的适应性，啄木鸟是个显而易见的例子。

你们见过树上的啄木鸟吗？

请看，啄木鸟足上有四趾，两个朝前，两个向后，把身体牢牢地"铆"在了树干上；它的尾羽坚硬强壮，像"锚"一样，使其在用力啄木时，能顶住反作用力，稳立于树干之上；它的喙细长而尖锐，能轻松地在树干上钻洞找虫子吃，此外，啄木鸟口中还有长长的舌头，可以伸进树洞的底部寻找昆虫。它们生生地在树干上啄出那么大的洞，把自己的小宝宝放在里面，使它们有了自己的"安乐窝"。

啄木鸟的这一整套形态适应特点是不是相当绝妙呢？

生物对外部环境的适应性除了反映在形态特征上，还表现在生物自身及其活动的方方面面，包括生理、生殖、感官系统、行为习性（包括防卫与运动）、社会性组织以及协同演化等方面。

生理适应性

　　我们知道，生活在极端环境中的许多生物都有体温调节方面的生理适应。

　　比如北极狐能良好地适应北极寒冷的气候，它们身上长着厚厚的、保暖性能极佳的皮毛，不需要像热带动物那样在低温中通过提高新陈代谢速率来产生更多的热能。此外，在冰天雪地的北极圈，北极狐身上雪白的皮毛也提供了很好的保护色。

○ 北极狐

○ 南极冰鱼

更神奇的是，在南极的冰水中生活着一类鱼，它们没有鳞片，某些身体部位是半透明的，因为它们的血液是无色的（血液中没有功能性红细胞）。最初，科学家对此十分不解，称之为"白血鱼"或"南极冰鱼"。后来，分子生物学家仔细研究发现，南极冰鱼的血液中完全没有血红蛋白，取而代之的是"防冻"蛋白。这种"防冻"蛋白就像在寒冷的天气里向汽车引擎的冷却液里加入的"防冻剂"，能防止南极冰鱼在严寒的冰水中冻成冰块。

同样，生活在沙漠地区的很多植物（如仙人掌、仙人球），尽管种类繁多，但是外貌有许多相似之处：厚厚的蜡质表皮、叶子极小或完全缺失、枝干加粗、外表平滑。这些都是减少植物体内水分蒸发的适应性特征。由此，沙漠植物普遍具有很强的耐热和抗旱的生理机能。

生活在极端气候条件下的一些动物，还可以通过休眠的方式来度过一年中最难熬的季节。因此，寒冷地区动物的冬眠以及炎热地区动物的夏眠，也是生理适应的例子。

总之，想方设法活着是生物在自然选择驱动下的头等大事，而形形色色的适应方式则是生物通过长期演化所获得的立于不败之地的生存之道。

与冬眠一样，夏眠也是动物为了生存而采取季节性休眠或蛰伏的现象，是对炎热和干旱季节的适应。地老虎（一种昆虫）、非洲肺鱼、沙蜥、四爪陆龟（草原龟）、黄鼠等动物都有夏眠的习性。

○ 沙漠植被

生殖适应性

地球上所有的生命，从细菌到真菌，从动物到植物，其终极"刚需"都是生殖繁衍——传宗接代才是生命世界的"硬道理"，也是自然选择下生物与环境互动并走向适应的原动力。

这带来两个相对独立但又相互关联的结果：一是，生物要留下尽可能多的后代；另一个是，这些后代也要能活到生殖的年龄，再留下尽可能多的后代。也就是说，不能继续繁殖后代的子孙，对物种延续是毫无贡献的。因此，生物总是尽可能地在生殖方面获得较高的适应性，这是顺理成章的事。

比如，各类植物在播撒种子方面的适应性表现可谓五花八门。除了前文提到的能像小伞一样随风飘散的蒲公英种子，某些槭树的较大、较重、不易被风吹走的种子也长出了"翅膀"，能够乘风而行，并且它们所产的种子数量十分惊人。

许多水生植物或生活在水边的植物（如椰子树），它们的种子有在水面漂浮的能力，可

以随着水流漂向各地。这也是在孤零零的大洋岛上也有椰子树生长的原因。

还有些植物种子外面长着刺或钩子，可以挂在鸟类的羽毛或哺乳动物的皮毛上四处扩散。有些植物的种子还可以混在泥土里，粘在鸟类的脚趾上，被飞鸟带往四面八方。

为了确保生殖的成功，各类生物可谓"八仙过海，各显神通"，演化出形形色色的适应性。它们的"策略"大致分为两大类：一类可称为"广种薄收"，叫作 r 生殖策略；另一类可称为"旱涝保收"，叫作 K 生殖策略。

采取 r 生殖策略的生物称为 $r-$ 对策者，也称为机会主义者，其特征是高生育率与低成活率。比如蛙类繁殖会产下许多卵，但其中能够成活到繁殖年龄的个体很少。前文提到的植物产出巨量的种子，也是采取 r 生殖策略，希望"撞大运"。

包括我们人类在内的绝大多数哺乳动物是 $K-$ 对策者，采用低生育率与高成活率的生殖策略。一般来说，这类生物个体较大、寿命较长，母体对幼体的照顾时间较长，子代到达性成熟所需的时间较长，比如母象的怀孕期长达

22 个月，小象一般在 10 岁之后才能达到性成熟。

当然，r 生殖策略与 K 生殖策略在自然界也形成一个连续的"波段"或"谱"。

对有些生物类群而言，并不是非此即彼的，它们会"看菜吃饭"，根据环境条件的变化对生殖策略加以调整。在鸟类中，像鹰、鹫、信天翁是典型的 $K-$ 对策者，小型鸟类（如山雀）则是 $r-$ 对策者；昆虫中的飞蝗则是交替使用两种对策的特殊类型。

为了传宗接代，生物的生殖适应性手段堪称"无所不用其极"。以我们人类自身为例，我们在生殖上的适应性带有人类演化和自然选择的深刻烙印。我们的远祖从树上下地后，开始直立行走，其身体结构也发生了一系列重大变化。比如，四足哺乳动物的骨盆形状更适合生产，而人类骨盆的变化给胎儿的顺利出生带来很大挑战。

根据体质人类学家的计算，胎儿的脑容量如果大于 400 立方厘米，会很难通过母亲的骨盆，从而造成母亲难产。在剖宫产手术出现之前，母婴由于难产而死亡的情形并不少见。成年人的平均脑容量高达 1400 立方厘米，意味着人类幼儿的哺乳期和抚育期在哺乳动物中都属于时间较长的。婴儿出生以后，要花很长时间学习行走和语言，不像小象那样出生不久就能独立行走。这是人类在生殖适应性上做出的调和，恐怕也是我们智人为了解放双手而付出的代价。

感官系统适应性

———

自然界的环境是在不断变化的。为了适应不断变化的环境，生物与环境之间的互动永不停息。生物必须及时感知周围环境的变化，以便及时调整它们自身的行为方式与新陈代谢。这些信息的收集有赖于生物的感官系统，因此，生物在感官系统方面的适应性最为敏锐。

"寒武纪生命大爆发"后，动物的视觉已经进化得相当发达（比如奇虾、板足鲎），这些有眼睛的掠食者加剧了物种间的"军备竞赛"，使生物演化揭开了惊心动魄的一幕。

在东非稀树草原上，飞翔在高空的一只秃鹫看到一千米之外的另一只秃鹫正在从空中垂直下降、着陆，它立即知道准是后者发现了食物。它飞速地赶过去打算"分一杯羹"，果然发现地上有一具动物的死尸。

在亚马孙雨林中，一只公蛾子可以凭借敏锐的嗅觉，在深夜黑暗的丛林中"闻"到远处一只同种母蛾子的气味，从而寻觅到它，并与之交配。

在漆黑的夜间，响尾蛇能够通过头部的"红外线感受器"发现附近的鼠类。这是因为，鼠类的体温与沙漠夜间寒冷的环境形成了温差，使响尾蛇头部的"红外线感受器"感知到猎物的"热图像"，从而使响尾蛇准确地捕获猎物。

○ 响尾蛇眼睛斜下方的小孔里藏着"红外线感受器"。

蝙蝠装备着神奇的超声波回声定位系统，帮助它们在黑暗的环境中飞行与捕食。同样，海豚由于在水下视力受限，也用超声波回声定位系统来"导航"。

其实，蝙蝠、海豚等并不是"瞎子"，而是由于长期生活在洞穴里或水下，视力受限。它们依靠超声波反射回来的信息来检测障碍物，并计算距离。动物这种利用超声波回声定位的功能，又称作生物声呐系统。

此外，很多生物具有极其灵敏的听觉与触觉。在生存斗争中，这些优势能帮助它们立于不败之地。生活在澳大利亚的神奇动物鸭嘴兽，吻部具有"电信号接收器"，能帮助它们在浑浊、黑暗的河流和湖泊底部穿行及捕食。

在感官适应性方面，生物真是各有各的"高招"。

人耳能够听到的声音频率范围是20～20000赫兹，低于这一范围的声波称为次声波，人耳听不到，但有些动物能听到，比如大象；高于这一范围的声波称为超声波，人耳也听不到，但有些动物能听到，比如蝙蝠、海豚等。

动物的"超声波回声定位系统"是怎么回事呢？

拿蝙蝠来说，它们能用喉部（一说为口鼻部）发出人耳听不到的超声波，这种声波沿着直线传播，一旦触到物体，便像光线照到镜子上一样反射回来。蝙蝠用耳朵接收到反射回来的声波，迅速做出路况判断，从而在"伸手不见五指"的洞穴里自由飞翔，并灵巧地捕捉食物。

现代人利用超声波技术，给生活带来了许多便利，比如医院里常用的 B 超系统、超声波清洗技术，以及汽车常用的倒车雷达，等等。

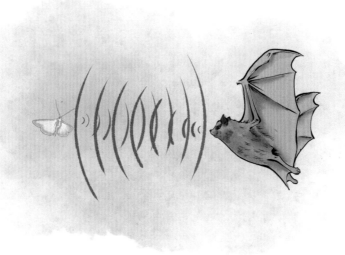

习性适应性

　　天气凉了，树叶黄了，一片片叶子从树上落下来。天空那么蓝，那么高。一群大雁往南飞，一会儿排成个"人"字，一会儿排成个"一"字。啊！秋天来了！

　　这是我读小学时语文课本里的一篇课文，其中描述了大雁的迁徙习性。包括大雁在内的候鸟，每年会进行季节性的迁徙，一般在秋分前后飞往南方过冬，春分过后再飞回北方繁殖。

　　候鸟冬季南迁不只是为了避寒，还因为南方即便在冬天也比北方有更丰富的食物资源。

○ 候鸟的迁徙

"春眠不觉晓，处处闻啼鸟。"中国位于北半球，春节过后，大江南北春潮涌动。燕语莺啼的景象惊醒了梦中的人们，让人确信这是春天的信号。鸟类的"感时而动"，其实是出于它们迁徙的本能。

野生动物因季节性变化而大规模定向、长距离的移动行为称为迁徙。迁徙的原因有多种，可能受当地的气候和食物供应影响，也可能出于交配或繁殖的需要。北半球的鸟类在冬季向南迁徙，等到了春季，又回到北方的繁殖区和栖息地；它们持的是冬去春回的"往返票"，由于它们迁徙的路线固定且往返守时，故又称为候鸟。

古生物学家的研究表明，鸟类起源于中生代的恐龙，因而候鸟很可能是从恐龙祖先那里继承了迁徙的本能。

在恐龙生活的大多数时间里，地球的各大陆连成一片，很多恐龙都有迁徙的习性，有些恐龙物种从今天的欧亚大陆一直迁徙到南美洲或者澳大利亚。它们在没有任何交通工具的情况下，用自己的脚实现了"全球化"！鸟类像它们的恐龙祖先一样，也是全球化物种，它们的迁徙现象让我们目睹了地球生命的奇迹。

蜘蛛结网

并非每种蜘蛛都会结网，会结网的蜘蛛各有结网偏好和模式，但结出的网类似。图为转刺蛛。

在自然界，从雄鹿之间的斗角到孔雀开屏吸引配偶，从鸟类鸣唱到鳄鱼"起舞"，从蜜蜂筑巢、蜘蛛结网到河狸造坝，这些习性跟候鸟的迁徙习性一样，也都是遗传性的。这些遗传性习性反映了自然选择驱动下的生物适应性，即生物通过改变自己的活动来适应变化的环境条件。

习性通常与具有神经和肌肉系统的动物有关，但不少植物也表现出"运动"习性，比如我们常见的向日葵、含羞草、某些攀缘植物和食虫植物等。

生物习性的适应性是重要的演化特征之一。一如生物的形态特征，生物习性深刻影响着生物个体的生存，以及繁殖的成功与否。

与形态及其他特征不同的是，生物习性具有更大和更迅速的可塑性，因而在生物演化中更容易产生"立竿见影"的效果。正如美国著名演化生物学家 E.O. 威尔逊指出的：与形态特征及其他特征相比，动物行为对环境变化的反应更迅速、更敏感。

这是因为，在自然选择的压力下，比如气候或食物供应发生较大变化时，生物个体最容

走近科学巨匠

爱德华·奥斯本·威尔逊（简称 E.O. 威尔逊）是美国著名昆虫学家、博物学家和演化生物学家，主要研究对象是蚂蚁，尤其是蚂蚁的社会行为以及它们如何利用信息素进行联络。他一生写作和出版了十几部科普书，两次荣获普利策奖。

易调整的便是行为习性。比如上文提到的候鸟迁徙习性，就是"打一枪换一个地方""此处不留人，自有留人处"的应对之策。

　　相形之下，生理或形态等方面的改变要缓慢得多，通常需要世世代代的演变才能完成。除了候鸟，洄游鱼类（如三文鱼）、海龟、鲸甚至一些蝴蝶都有长途迁徙的习性，以应对食物短缺的压力或寻找适宜的繁殖场所。

　　最引人注目的生物习性要数动物的求偶与攻击行为。由于繁衍后代、传递基因是生物生存斗争的"终极目的"，因而，成功求偶与交配成为生物适应性的重中之重。

　　在《物种起源》中，达尔文对此有过精彩的描述：雄性鳄鱼想占有雌性鳄鱼时，它们搏斗、吼叫、绕着圈儿游来游去，就像跳战斗舞的印第安人。

　　这种斗争在鸟类中相对温和。很多鸟的雄性之间存在用歌喉去引诱雌鸟的竞争。在南美洲的圭亚那一带，岩鹪、极乐鸟等聚集一处，雄鸟在雌鸟面前轮番展示美丽的羽毛，并表演一些奇异的动作；雌鸟则作为旁观者，站在附近观看，最后选择最具吸引力的配偶。

生物之间的剧烈斗争表现在很多方面，生殖竞争尤为惨烈。为了争夺配偶、繁衍后代，雄性鲑鱼能整日战斗不止，雄性锹形甲虫常常带有被其他雄虫用巨颚咬出来的伤痕。

　　"一夫多妻"动物的雄性之间的斗争大概最为惨烈，而这类雄性动物又常常生有"特种武器"。在春天交配季节，雄鹿之间用鹿角相互顶撞、"角斗"的场面可谓惊心动魄，雄性海豹之间的战斗同样触目惊心。

蝴蝶迁徙

　　紫斑蝶仿佛昆虫里的"候鸟"，有季节性迁徙行为。秋季，在中国南方的某些地区，可以看到数万只紫斑蝶结成一大群，迁徙到更温暖的地方越冬。

湟鱼洄游

　　每年5月到8月，在中国内陆最大的咸水湖——青海湖，数以百万计的湟鱼沿着入湖的河流逆流而上，到上游的淡水河中产卵。这是一场艰辛的生命之旅。

社会性组织适应性

　　生物对环境的适应性，还表现在很多动物具有社会性组织结构，以应对自然选择的压力。

　　生物的社会性行为是生物学中最有趣的现象之一，前文提到的 E.O. 威尔逊教授被誉为"社会生物学之父"。我们人类自身就是社会性生物，在生物界，还有许多其他的社会性生物。

　　不仅生物个体可以用来研究生物演化，社会性生物的组织形式也是研究生物演化的素材。社会性生物对环境变化的适应性演化，同样是自然选择驱动的结果。正是这一适应性演化，产生了蜂类、蚁类等社会性昆虫复杂的组织形式。

　　珊瑚是较原始的社会性生物，每一丛珊瑚由无数珊瑚虫个体组成。珊瑚虫有很多触手，能伸出去捕食，它们在底部有一个互通的消化腔系统。每个珊瑚虫捉到的食物同时与千百个其他珊瑚虫分享。这种无私奉献精神对整个群体的生存有利，是一种适应性演化的结果。

○ 僧帽水母

再来看僧帽水母（也叫葡萄牙战舰水母，是一种管水母群体），其不同的水螅个体有"职责分工"。露在水面上的部分是帆形的鳔，这是一种充气的水螅体，帮助僧帽水母在水里漂浮起来。鳔的下面是许多长短不一的触须，触须上带着含有毒素的刺细胞，用来麻醉及杀死小鱼小虾等微小的海洋生物。触须上的收缩细胞会将猎物输送到负责消化的水螅体。这些水螅体会包围食物，分泌出可以分解各种蛋白质、碳水化合物、脂质的酶来消化食物。此外，还有一些雌、雄水螅体，专门用于生殖。这几类水螅体连在一起，组成一个社会性群体，各司其职，但在基因构成上是一模一样的。

僧帽水母属于腔肠动物门水螅虫纲管水母目。腔肠动物有两种生活方式，一种是静止或固着，一种是自由游泳。为了自由活动，它们的构造和生理必须改变，以适应漂荡的生活。营静止生活的个体，叫水螅体；营自由生活的个体，叫水母体。

121

○ 蜂群

又如蜂类、蚁类等社会性昆虫，它们的社会组织结构远比上述的珊瑚群体和僧帽水母复杂得多。

蜂群通常由几千到几万只蜂组成，包括一只蜂后、少量雄蜂和众多工蜂。工蜂和蜂后从受精卵中孵化而来，雄蜂则从未受精的卵中孵化而来。蜂后是蜂群中唯一能正常产卵的雌蜂。蜂后死后，蜂群会哺育新的蜂后。雄蜂的体形比工蜂大，负责与蜂后交配，交配后不久便会死亡。雄蜂的精液可以在蜂后的体内保存好几年而依然保持活力，并具有授精能力。工蜂是蜂群中繁殖器官发育不完善的雌性蜜蜂。工蜂的主要任务是分泌蜂蜡、筑巢、采蜜、酿蜜、照顾幼虫、保卫族群等，它们协作觅食，并使用一种"舞蹈"方式来互相交流信息。

蚁群跟蜂群的社会结构大同小异。二者的区别在于，蚁群里的"工人"成员又可分为两类：一类是工蚁，专司筑穴、照顾蚁卵及采集食物；另一类是比工蚁个头更大的兵蚁，主要负责防卫，有时也协助工蚁粉碎坚硬的食物。

在儿童文学作品中，蜜蜂和蚂蚁常被视为勤劳、合作的象征，用来教导孩子们要勤劳和合作。

蚁穴横截面模拟图

协同演化适应性

No man is an island, entire of itself;

没有人是一座孤岛，可以自全

every man is a piece of the continent,

每个人都是大陆的一片

a part of the main.

整体的一部分

If a clod be washed away by the sea,

如果海水冲掉一块土

Europe is the less,

欧洲就缩小

as well as if a promontory were,

如同一个海岬失掉一角

as well as any manor of thy friends or of thine own were:

如同你的朋友或者你自己的领地失掉一块

any man's death diminishes me,

任何人的死亡都是我的损失

because I am involved in mankind,

因为我是人类的一员

and therefore never send to know for whom the bell tolls;

因此，不要问丧钟为谁而鸣

it tolls for thee.

它就为你而鸣

——*No Man Is An Island*

英国诗人约翰·邓恩有一首著名的诗，叫作《没有人是一座孤岛》。用它来描述生物个体之间及不同物种之间的密切关系，也是非常恰当的。

实际上，当我们谈及生物对周围环境的适应时，指的不仅是它们对周围物理环境的适应，还包括它们与周遭其他生物的相互适应关系。"螳螂捕蝉，黄雀在后"形象地描述了黄雀、螳螂、蝉三种生物在自然界食物链（或食物网）中捕食与被捕食的密切关系。又如前文提到的加拉帕戈斯群岛上的"达尔文雀"，它们在不同的小岛上演化出不同形状的喙，也跟它们的不同食物来源有关。同样，有些植物也演化出带刺的枝叶或含有毒素的叶片，以保护自己不被某些动物吃掉。

在上述的情形中，生物之间相食相残的关系决定了其中一方的变化必然会带来另一方的相应变化，正所谓"道高一尺，魔高一丈"。

寄生虫与宿主之间"军备竞赛"式的互动变化最能显示双方的协同演化关系。其中一方（如寄生虫）的适应性所得必然造成另一方（宿主）的所失，另一方也要产生相应的变化，以应对（适应）变化了的环境。双方的博弈在演化过程中几乎是无休止的，这正是受自然选择驱动的。

生物间的协同演化不仅发生在自然界食物链（或食物网）中的敌对双方之间，也发生在互利共生的两个物种之间。比如开花植物与传粉昆虫（或蜂鸟）之间存在着互利共生的关系：开花植

○ 蜂鸟

物为传粉昆虫（或蜂鸟）提供可口的花蜜，而传粉昆虫（或蜂鸟）帮助开花植物传送花粉、完成繁殖任务。

达尔文曾经对兰科植物的受精有过深入的研究。《物种起源》出版后的第二年（1860年）春天，达尔文由于前几年埋头写作，变得头昏脑涨、精疲力竭，此时他需要换件有趣的事做做，缓口气儿。天晓得他一下子迷上了他家附近的"兰花坞"——他和妻子常去散步的地方，那里长满了各种各样的兰花。

达尔文对兰花感兴趣，至少有两个重要原因：第一，他在剑桥大学的良师益友亨斯洛教授是植物学家，因此他本人的植物学基础很好；第二，他读过一位德国博物学家、神学家的小书，书中认为花的作用是为了吸引昆虫来替它们传粉，以达到异花受精的目的，并认为这是造物主精心设计的。而当时主流观点认为，花是造物主为美而创造的，植物是自花受精的。达尔文读了那本小书后，同意作者异花受精的观点，但反对这是造物主安排的。

他试图证明异花受精促进变异的发生与保存，并猜测植物与昆虫间的协同演化会支持他的自然选择理论，并能解释植物与昆虫相互间极端适应的发生。

达尔文最初是为了缓解写作压力，借观赏兰花以休闲，没料到这一闲情逸致竟使他发现了兰花适应昆虫传粉的种种奇妙、独特机制，令他的热情一发而不可收。

他在给植物学家胡克的信中兴奋地写道："我研究兰花大有斩获，它让我看到：为了借助昆虫传粉，兰花的各部分几乎都与虫媒受精相互适应；显然，这是自然选择的结果。"

兰花颇受中国古代文人的喜爱。位列"扬州八怪"的郑板桥与金农，曾经写过一些吟咏兰花的诗词，并注意到"风媒"及"虫媒"传粉的现象。郑板桥写道"画工立意教停蓄，何苦东风好作媒"，金农也曾写道"雨过深林笔砚凉，女兰开处却无郎"。

术语

　　自花传粉：指雄蕊的花粉传到同一朵花的柱头（雌蕊的顶端部分）上。针对的植物是两性花，但并不是所有的两性花都能自花传粉。（代表植物：水稻、大豆、豌豆、芝麻、小麦等）

　　异花传粉：指一朵花的花粉传到同一个植株的另一朵花的柱头上，或者通过风或昆虫等媒介，传到不同植株的花的柱头上。（代表植物：杨树、玉米、桃树、梨树等）

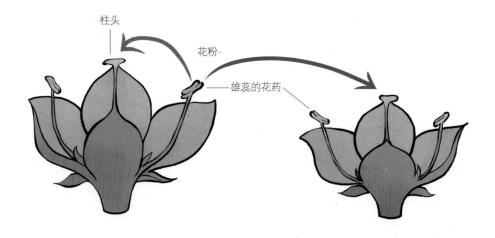

○ 自花传粉（绿色箭头）与异花传粉（红色箭头）示意图

达尔文关于兰花受精的部分研究，于1862年春在伦敦的林奈学会宣读，受到植物学家们的高度重视和赞赏。不久，《论英国及外国兰花通过昆虫受精的各种机制以及杂交的良好效果》一书出版。这是一本有趣的书，但由于书名冗长，令读者望而却步，销量并不好。

然而，这一研究确立了达尔文在科学界作为植物学家的声誉，使他赢得了其他植物学家的尊重，不少原先反对他的生物演化论的人开始改变态度。更重要的是，兰花生殖生物学研究很快成为一门"显学"，对兰花受精的研究也带来了很多惊人的发现。

1982年，我在美国加州大学伯克利分校聆听了著名的达尔文研究者、植物学家斯特宾斯的学术报告，题为《性是否必要》。他从达尔文的这本书讲起，介绍了后来的一系列新发现，令人大开眼界。

兰花为了吸引昆虫及其他动物为它传粉，演化出各种神奇的结构及策略：有的兰花外表、气味酷似雌性昆虫，即"假扮新娘"；有的兰花外观酷似昆虫产卵的场所，诱惑雌性昆虫前来产卵，借此为其传粉，称为"假扮产房"；

走近科学巨匠

斯特宾斯是美国著名植物学家、遗传学家，也是20世纪杰出的演化生物学家，代表作是《植物的变异与演化》。他运用现代遗传学与达尔文自然选择学说相结合的方法，研究植物的新物种形成机制，取得了许多重要成果。

还有的兰花酷似雌性昆虫栖居地，以吸引雄性昆虫前来交配，达到为其传粉的目的，称为"假扮闺房"。上述"拟态"都属于"色诱"；"食色，性也"，兰花还有"食诱"，即通过各种虚假的外表（如假花粉、假蜜腺）诱惑觅食的昆虫来访，为其传粉。

更神奇的是，达尔文通过研究，竟能根据兰花结构推测出传粉昆虫的类型。1862年，达尔文收到了一种原产于马达加斯加的兰花——大彗星兰的标本。它的白色花瓣呈星状排列，花距（某些植物的花瓣向后或向侧面延长成管状、兜状等形状的结构）长约29厘米。花蜜一般位于花距底部4厘米左右处，意味着要想吸食到花蜜，昆虫或蜂鸟的喙至少长25厘米！

对此，达尔文惊呼道："我的天呐！什么样的怪物才能吸食到它的花蜜呢？"随后，他根据自己的自然选择理论做出了大胆预测：在马达加斯加岛上，一定有一种喙长至少达25厘米的昆虫。此言一出，不少昆虫学家持怀疑态度，尤其是那些并不相信达尔文学说的人。

不过，达尔文的预测得到了博物学家华莱士的大力支持。

走近科学巨匠

华莱士是英国博物学者、探险家、地理学家、人类学家和生物学家。他与达尔文一样，以独立地提出自然选择学说而闻名，是创立生物演化论的主要贡献者。他曾在亚马孙流域进行博物学调查，在马来群岛做了长达8年的田野调查，被称为"生物地理学之父"。

华莱士是达尔文自然选择学说的共同提出者。他还做出进一步的预测，认为这种昆虫应该类似他在非洲东部见过的天蛾，并热情鼓励将赴马达加斯加岛考察的博物学家，建议他们到了岛上后，要像天文学家寻找海王星那样满怀信心地寻找这种长喙天蛾。

1873 年，据《自然》杂志报道，人们在巴西发现了喙长 25 厘米的天蛾。到了 1903 年（距达尔文最初预测已有 41 年），终于有人报道了马达加斯加的一种喙长达 30 厘米的天蛾！这种天蛾与华莱士在非洲东部所见的天蛾属于相同物种，后来被命名为一个新亚种——预测天蛾，以纪念达尔文与华莱士的预测。此后，人们也把大彗星兰称为达尔文兰花。

斯特宾斯教授说过，性不是非有不可，自然界中确实有无性繁殖的生物；然而，有性多好啊！有性生殖丰富了遗传多样性，加速了生物演化，因而大大地丰富了地球上的生物多样性。同时，如果没有"性"，也就没有了文学艺术，那生活该多没劲啊！

人们一般认为达尔文的生物演化论是"适者生存"，然而仅仅"生存"下来还远远不够。

○ 大彗星兰和预测天蛾

注：2021年，科学家通过分析DNA和生理差异，发现马达加斯加的预测天蛾并非长喙天蛾的一个亚种，而是一个完整的独立物种。

在生物演化上，没有繁殖的生存是毫无意义的。达尔文生物演化论的精髓是生存斗争中有利变异的保存和积累，而这只有通过繁殖传代才能实现，在这方面，兰花令人类相形见绌。

拟态

生物在协同演化方面表现出的适应性，以拟态现象最为精彩纷呈。在演化生物学里，拟态指一个物种演化出与另一个物种相似的外表特征，以混淆其他生物（掠食者或互利方）的认知，从而远离或靠近它。

拟态现象在自然界十分常见，是动物世界里颇为流行的"欺骗艺术"。

对于有捕食关系的生物来说，在捕食者视觉上，当猎物的外貌对捕食者有危险，或者与无用的生物外貌相似时，会使捕食者远离或忽视，因此猎物很容易达到自保的目的；进而，如果猎物与其模仿对象在行为、声音、气味或栖息地点上也很类似，成功骗过捕食者的概率会更高。

同样，某些捕食者懂得善加利用自己先天的优势（如外形），其形态与无害的其他生物相似，使猎物察觉不到，因而大幅提升了捕猎的成功率。

○ 拟态现象：模仿蜜蜂的食蚜蝇

拟态种类繁多，主要分为两种：

1.贝氏拟态：一个无毒无害的物种模仿另一个有毒有害的物种，以恐吓捕猎者。例如，无螫针无毒的食蚜蝇模仿会蜇人的蜜蜂，这种拟态属于恐吓性或防卫性的拟态。

2.穆氏拟态：一个有毒或难吃的物种体表具有醒目的警戒图案，当捕食者得到教训后会记住这个图案。其他有毒或难吃的物种模仿这一图案，也会减少被吃掉的风险。这种拟态会对捕食者造成伤害，兼具恐吓性与攻击性，比如不同种类的蜜蜂长相相似，彼此之间构成穆氏拟态。

还有一种攻击性拟态，是通过模仿无害的物种以吸引并攻击猎物，如猪笼草的叶尾端生出囊状物，形似花朵，并分泌蜜汁，吸引昆虫前往采蜜，借此获取养分。

达尔文把猪笼草一类的食虫植物称为"世界上最奇妙的植物"。也许大家会问：植物不都是靠光合作用自己制造养分吗？为什么食虫植物要吃虫子呢，这不是"狗拿耗子——多管闲事"吗？

当然，食虫植物跟其他植物一样，也能通过光合作用合成碳水化合物，但是，对于它们需要的其他营养成分（尤其是氮和磷），就没那么容易了。一般植物能从土壤中获取氮和磷，但食虫植物大多生活在贫瘠的沼泽地区，土壤中氮、磷的含量极低。此外，食虫植物的根系不够发达，许多种类甚至没有根，只能"另辟蹊径"。

因此，食虫植物通过吃虫子来获取氮和磷，便成为顺理成章的事儿。如此一来，"堤内损失堤外补"，食虫植物不再依靠土壤获取氮素、磷素等营养物质，而直接从动物身上索取。

这就是自然选择的无穷威力之所在！

目前，已知食虫植物有 600 多种，它们千姿百态，其中许多种都利用拟态来诱捕昆虫，并从中汲取养分。

食虫植物在长期演化过程中，多生活在酸性泥炭地、沼泽地、沙滩、岩坡等其他植物不易生存的环境，使之成为自己专属的生态环境，而不与其他类型的植物竞争。它们器官的高度特化及拟态现象，则反映了生物对环境的完美适应性。

生物适应性与"目的论"

生物适应性不仅是生命科学的核心问题，而且是生命哲学的重大命题。由于生物适应性涉及生物的机能与"目的"，因而很容易坠入"目的论"和"自然神学"的陷阱。

很多生物学家试图淡化生物适应性的"目的"，但有些生物学家则认为其"目的性"（生物为了在生存斗争中立于不败之地）几乎是难以回避的。

自古以来，许多博物学家和哲学家都曾注意到生物适应性这一自然界的普遍现象或事实。

在达尔文之前，从亚里士多德到拉马克，科学家普遍相信生物适应性具有"终极原因"或"目的性"——为了应对环境的变化，这似乎是生物演化思想的雏形。

但是，依据达尔文在剑桥大学的老师、自然神学家威廉·佩利的观点，生物适应性彰显了造物主的智慧，是造物主存在的明证。德国哲学家、科学家莱布尼茨也坚信，生物适应性显示了造物主的"尽善尽美"。伏尔泰的讽刺喜剧《老实人》嘲讽了莱布尼茨的这一观点。英国哲学家大卫·休谟也是反对"造物主设计论"的。法国博物学家布封既接受生物适应性，也接受生物演化论，却没有搞清其背后的机制。只有达尔文与华莱士发现了自然选择是驱动生物适应性与生物演化的主要机制。

正如著名演化生物学家杜布赞斯基指出的："自然选择不仅是生物适应性背后的'引擎'，而且比我们以前所能想象到的威力要大得多。"

一方面，生物适应性带有明显的"目的性"，因为自然选择保留了对生物有益的变异，扼杀了对生物不利的变异；另一方面，大多数生物学家反对或羞于承认生物演化的"目的论"。

尽管生物适应性普遍存在，然而不是所有"貌似"适应性的性状都是那么易于"证明"的。

比如帮助大熊猫掰竹子吃的"熊猫的拇指"，是由腕关节附近的籽骨构成的，而不是专门为这一目的演化出来的第六指骨。与大熊猫亲缘关系密切的其他熊科动物（如黑熊）也有这块籽骨，然而它们并不能使用它来掰竹子吃。因此，不能把这块籽骨（"熊猫的拇指"）视作专门为了掰竹子吃而演化出来的适应性，它只是演化历史上的功能性转化而已。

　　请看上图，"熊猫的拇指"（RS）实际上并不是指骨（图中 1 ～ 5 是手指指骨的排列），而是嵌入腕骨附近的肌腱里的籽骨——这个小骨头能保护大熊猫的肌腱并提高肌腱的机械性能，跟其他哺乳动物拇指的指骨完全不同。

　　同样，恐龙演化出来的羽毛，后来被鸟类用于飞翔；对于鸟类而言，这种所谓"适应性"，也是属于功能性转化，称为"扩展适应"。

尾声 生命之壮美

　　自人类开始探索宇宙的奥秘起，"我们是谁？我们从哪里来？我们往何处去？"这一刨根问底的"天问"一直与另一种执念相抗衡：很多人相信缤纷奇异的生命绝不会"无中生有"，而是由至高无上、聪明绝伦的造物主一手创造出来的。

　　直至一百多年前，达尔文伫立在家旁边的河畔，面对尽收眼底的生物多样性景观，不禁赞叹生命的壮美，写下佳句：

　　　凝视纷繁的河岸，覆盖着形形色色茂盛的植物，灌木枝头鸟儿鸣啭，各种昆虫飞来飞去，蠕虫爬过湿润的土地；

　　　复又沉思：这些精心营造的类型，彼此之间是多么地不同，而又以如此复杂的方式相互依存，却全都出自作用于我们周围的一些法则，这真是饶有趣味。

　　达尔文不只是单纯地惊叹眼前美景，还找到了产生这一美景的原因——自然选择的伟大力量：

在时代的长河里，在变化着的生活条件下，若生物组织结构的几部分发生变异，我认为这是无可置疑的；由于每一物种都按很高的几何比率增长，若它们在某一年龄、某一季节或某一年代发生激烈的生存斗争，这当然也是无可置疑的；那么，考虑到所有生物相互之间及其与生活条件之间有着无限复杂的关系，并引起构造、体质及习性上对其有利的无限的多样性发生，而有益于人类的变异已出现了很多，若是说从未发生过类似的有益于每一生物自身福祉的变异，我觉得那就太离谱了。

　　然而，如果有益于任何生物的变异确实发生过，那么，具有这种性状的一些个体，在生存斗争中定会有最好的机会保存自己；根据强劲的遗传原理，它们趋于产生具有同样性状的后代。为简洁起见，我把这一保存的原理称为"自然选择"；它使每一生物在与其相关的有机和无机的生活条件下得以改进。

自然选择的力量驱动着每一种生物去改造自己既往的身体结构，以适应新的生活环境。

本书列举了无数实例，证实了自然界普遍存在的、巧妙奇异的生物适应性。正是通过自然选择演化出来的生物适应性，造成了生物在"构造、体质及习性上对其有利的无限的多样性"，从而造就了地球上奇异缤纷的生物多样性。这些是值得大书大赞的生命演化的神奇与美妙之处。

爱因斯坦说过："我们所能感受的美是神秘的。神秘性是一切真正的艺术与科学的来源。"然而，每当人们最初遭遇"未知与神秘"时，便会下意识地将其归结于奇迹的发生。面对生命之美，人类走过的认知旅程也是如此。

如果说世界上发生过什么奇迹的话，那么，最大的奇迹当属30多亿年前地球上出现了最早、最简单的生命形式。自那时起，生命与演化一直交织在一起，从未分离片刻。

生命演化意味着生命系统适应周围环境，随着时间推移而历经千变万化。这些变化主要是由自然选择驱动的，导致地球上30多亿年间产生了千奇百怪、令人难以置信的各种生命形式——从最简单的原核生物细菌，到参天大树、狮子、老虎、大象、蓝鲸，乃至我们人类自身。

这是何等美妙神奇啊！正是达尔文的生物演化论，帮我们正确地认识到：我们人类自身便是生命演化的产物。

当我们看生物不再像未开化人看船那样，把它们视为完全不可理解的东西之时；当我们将自然界的每一产物，都视为具有历史的东西之时；当我们把每一种复杂的构造与本能都视为集众多发明之大成，各自对其持有者皆有用处，几乎像我们把任何伟大的机械发明视为集无数工人的劳动、经验、理智甚至错误之大成一样之时；当我们这样审视每一生物之时，自然史的研究将会变得更加趣味盎然！

是啊，我们在本书中简要地介绍了自达尔文写下上面这段预言以来，生命科学研究的许多新成果以及我们对生命演化的许多新认识。它不仅令生命科学研究"更加趣味盎然"，也是对生命的崇高礼赞！

前些年，我怀着极大的热情，翻译了达尔文的《物种起源》，与达尔文其人、其书结下不解之缘。现在，让我们一起了解下《物种起源》及其他相关科学元典吧！

《物种起源》

众所周知，达尔文的代表作是《物种起源》，但其实他的作品很多。其中公认的经典有三部：《小猎犬号航海记》《物种起源》和《人类的由来与性选择》。

在《物种起源》里，达尔文首次出示了海量的证据，并以无懈可击的逻辑推理，提出并证实了以自然选择为主要机制的生物演化理论，颠覆了"神创论"及"物种固定论"，奠定了现代生命科学的基础，并对人类社会发展产生了深远的影响。

《基因论》

《基因论》是美国进化生物学家摩尔根的经典名著，最早出版于 1928 年，是经典遗传学的重要元典。摩尔根在书中全面介绍了自己的基因论，即染色体遗传理论，并提出了经典遗传学的基本原理、遗传机制、基因突变的起源以及基因和染色体决定性别的作用等核心概念。

摩尔根的研究主要基于对果蝇的实验，也使果蝇这种生物变得广为人知。

《天演论》

达尔文的生物演化论最早传入中国时，不是通过《物种起源》，而是归功于清末学者严复编译的《天演论》。《天演论》英文原书名叫《进化论与伦理学》，作者是达尔文的好友赫胥黎，该书实际上是为了宣传达尔文的生物演化论而写的一本普及读物。严复把"生物演化论"翻译成"天演论"，因此人们更熟悉的书名叫作《天演论》。

严复并没有忠实地翻译原作，而是根据自己的理解和观点对原书加以改写。他在书中强调了"物竞天择""适者生存"，激发了当时饱受帝国主义欺凌的中国人的自强进取精神。

严复的改写及《天演论》的巨大影响，一方面使中国成为世界上接受进化论程度最高的国家之一，另一方面也使人们对达尔文学说产生了一定的误解。

《生命是什么》

《生命是什么》的作者是奥地利理论物理学家薛定谔，他从理论上率先推断出生物遗传分子是一种"不规则晶体"，大大地启发了分子生物学家探索遗传物质的方向。薛定谔不仅是量子力学的奠基人之一，也是1933年诺贝尔物理学奖得主。

后来，科学家沃森和克里克也从这本书中获得了灵感，发现了DNA双螺旋结构，最终获得了诺贝尔生理学或医学奖。

达尔文身上有哪些精神值得我们学习？

科学研究的本质是探索精神，科学家最可贵的素质是葆有一颗永不泯灭的好奇心。

达尔文从童年开始，就对周围世界充满了好奇，并善于提出各种有趣的问题；自己解答不了，就满世界去寻找答案。他一生中跟世界上 2000 多位志同道合者有过通信联系，虚心向别人讨教。

像贝多芬随时随地把脑子里出现的音乐灵感记在小本子上一样，达尔文也有个好习惯：他每天把自己的点滴科学研究心得和想法及时记录在一个牛皮封面的小笔记本里。

为什么今天我们还要读《物种起源》？

也许有人会说，我不读《物种起源》也知道演化论是怎么回事儿，那么还有必要去读达尔文的原著吗？

回答是肯定的！因为《物种起源》是少数几本可以称作"改变了世界进程的书"，不仅改变了生命科学这个大学科，而且改变了全人类的思维方式、认知方式和行为方式。

当我们每天在各自的专业领域里专心致志地阅读最新文献时，我们看到的往往只是一片片精致美丽的树叶，只有在阅读像《物种起源》这样的不朽经典时，方能看到浩瀚无际的森林美景，眼前才能豁然开朗起来。

对作者最大的尊重和感念，莫过于认真研读他们本人的文字。《物种起源》已经出版 160 多年，至今仍受到广泛阅读。

世人对演化论有哪些误解？

有些人以为《物种起源》是讨论生命起源的，但是，达尔文写这本书的目的并不是探讨生命起源，而是探讨地球上形形色色的物种究竟是不是造物主一个个独立地创造出来的，是不是一经创造出来之后便固定不变了。

近年来，学界对于evolution一词译作"进化"还是"演化"存在争论。若是按达尔文的原义，译作"进化"并无问题，但若依照现在的认识，译作"演化"更合适些。简单来说，"进化"一词带有方向性（如从简单到复杂），"演化"则呈现出明显的多元性。这也是本书采用"演化论"这一说法的原因。

今天，演化论受到哪些挑战？

《物种起源》面世160多年来，科学有了巨大的发展。对于演化论的事实、证据和机制，我们现在知道的远比达尔文时代更多。

达尔文以自然选择为主要机制的生物演化论，早已成为现代生命科学的基石。目前，在全球范围内，达尔文研究依然显示出方兴未艾的景象。

尽管如此，演化论在许多地方（尤其是美国）还受到很多挑战，其中最重要的挑战来自宗教势力。宗教是一种信仰，它无视事实和科学。就像你无法唤醒一个装睡的人，科学家也无法说服虔诚信仰"神创论"的人。因而，由于宗教势力和一些政客的干预，在美国普及演化论的努力仍然十分艰巨。

亚里士多德

Aristotle

前384—前322

古希腊哲学家、科学家

拉马克

Jean-Baptiste Lamarck

1744—1829

法国进化生物学家、动物学家

理查德·欧文

Richard Owen

1804—1892

英国古生物学家

达尔文

Charles Robert Darwin

1809—1882

英国生物学家

孟德尔

Gregor Johann Mendel

1822—1884

奥地利生物学家、遗传学奠基人

华莱士

Alfred Russel Wallace

1823—1913

英国生物学家、博物学家

严复

Yan Fu

1854—1921

中国翻译家、教育家

霍尔丹

John Burdon Sanderson Haldane

1892—1964

英国遗传学家、进化生物学家

尤里

Harold Clayton Urey

1893—1981

美国化学家

奥巴林

Alexander Oparin

1894—1980

苏联生物化学家

施皮格尔曼

Sol Spiegelman

1914—1983

美国分子生物学家

克里克

Francis Harry Compton Crick

1916—2004

英国生物学家、物理学家

托马斯·库恩

Thomas Samuel Kuhn

1922—1996

美国科学哲学家、科学史家

沃森

James Dewey Watson

1928—

美国分子生物学家

爱德华·威尔逊

Edward Osborne Wilson

1929—2021

美国社会生物学家

米勒

Stanley Lloyd Miller

1930—2007

美国进化生物学家、化学家

卡尔·萨根

Carl Edward Sagan

1934—1996

美国天文学家、科普作家

琳·马古利斯

Lynn Margulis

1938—2011

美国生物学家

同学们，在本书中，我们提到了不少生命科学领域的专业名词。现在，让我们一起认识一些名词的英语叫法。熟悉了它们，你以后阅读英语科普文章就更容易了！

生命科学　life sciences

生物学　biology

生物学家　biologist

演化　evolution

协同演化　coevolution

演化生物学　evolutionary biology

范式　paradigm

原始汤　primordial soup

深海热泉　hydrothermal vent

海底黑烟囱　black smoker

进化树　evolutionary tree

原核细胞　prokaryotic cell

原核生物　prokaryote

真核细胞　eukaryotic cell

真核生物　eukaryote

微生物　microorganism

物种　species

古菌　archaea

细菌　bacteria

真菌　fungi

蓝细菌　cyanobacteria

植物　plant

动物　animal

攀缘植物　climbing plant

植食性动物　herbivore

肉食性动物　carnivore

无脊椎动物　invertebrate

脊椎动物　vertebrate

两栖动物　amphibian

哺乳动物　mammal

自然选择　natural selection

人工选择　artificial selection

细胞　cell

细胞壁　cell wall

细胞核　nucleus

细胞膜　cell membrane

细胞器　organelle

细胞质　cytoplasm

宿主细胞　host cell

DNA（脱氧核糖核酸）

deoxyribonucleic acid

RNA（核糖核酸）

ribonucleic acid

基因　gene

基因库　gene pool

基因突变　gene mutation

基因重组　gene recombination

核酸　nucleic acid

染色体　chromosome

雌性　female

雄性　male

性状　character

遗传　heredity

变异　variation

繁殖　reproduce

实验　experiment

精子　sperm

卵细胞　egg cell

受精卵　fertilized ovum

胚胎　embryo

氨基酸　amino acid

蛋白质　protein

酶　enzyme

碳水化合物　carbohydrate

病毒　virus

冠状病毒　coronavirus

疫苗　vaccine

免疫　immunity

病原体　pathogen

高尔基体　Golgi apparatus

内质网　endoplasmic reticulum

线粒体　mitochondrion

叶绿体　chloroplast

光合作用　photosynthesis

新陈代谢　metabolism

适应性　adaptability

食物链　food chain

达尔文雀　Darwin's Finches

后 记

在写完《地球史诗：46亿年有多远》之后，我接下来写这本《生命礼赞：追寻演化的奥秘》，是顺理成章的事儿。因为在浩瀚的宇宙中，只有我们栖身的小小地球，目前确知有生命的存在。

写罢地球的史诗，自然就要写生命的礼赞了。地球上的生命委实太奇妙了——弄清它的起源与演化的奥秘，不啻是对生命最崇高的礼赞。

自达尔文《物种起源》出版160多年以来，经过全世界几代进化生物学家共同不懈的努力，我们已揭示了生命演化的许多奥秘，但依然还有不少未知的领域有待后来者继续探索。这也是我写作这本书的初衷：衷心希望引起青少年读者朋友们对演化生物学的兴趣，将来能继续我们尚未完成的事业。

"咬定青山不放松，立根原在破岩中。千磨万击还坚劲，任尔东南西北风。"郑板桥的这首《竹石》绝句，是我很喜欢的清诗之一，也许是由于作为进化生物学家，我读出了一般人不易读出的"科学"意味，因而更加偏爱的缘故吧。我想，读完这本书之后，你们对这首诗一定也有了全新的理解：它是对竹子如何在石缝缺土、风吹雨打的恶劣环境下，力争把根深深扎下去而适应环境、为求生存的生动传神的白描。

一如既往，我要感谢多年来鼓励与支持我进行科普创作的国内师友们：张弥曼院士、戎嘉余院士、周忠和院士、沈树忠院士、朱敏院士与王原、张德兴、徐星、张劲硕、史军、严莹、蒋青、吴飞翔、郝昕昕等以及美国师友们：Jay Lillegraven, Hans-Peter Shultze, Jim Beach, Bob Timm, David Burnham 等。本书部分图片来自视觉中国、维基共享资源、三蝶纪（第113、116～117、133 页）等。

这样一套书的制作，非我一人之力所逮。我要特别感谢青岛出版社的有关领导和编辑团队的辛勤劳动。

当然，我最需要感谢的是你们——我多年来的忠实小读者们，你们的厚爱是我创作的动力。I truly love you all!

品牌介绍

知识无边界，学科划分不是为了割裂知识。中国自古有"多识于鸟兽草木之名""究天人之际，通古今之变"的通识理念，西方几百年来的科学发展历程也闪烁着通识的光芒。如今，通识正成为席卷全球的教育潮流。

"科学＋"是青岛出版社旗下的少儿科普品牌，由权威科学家精心创作，从前沿科学主题出发，打破学科界限，带领青少年在多学科融合中感受求知的乐趣。

苗德岁教授撰写的系列图书涉及地球、生命、人类进化、自然环境、生物多样性等主题，为"科学＋"品牌推出的首批作品。